凉拌菜

美食生活工作室 组织编写

巧厨娘

十 / 年 / 经 / 典

青岛出版集团 | 青岛出版社

图书在版编目（CIP）数据

巧厨娘十年经典　凉拌菜 / 美食生活工作室组编 . —
青岛 : 青岛出版社 , 2022.1
ISBN 978-7-5552-8515-1

Ⅰ . ①巧…　Ⅱ . ①美…　Ⅲ . ①凉菜—菜谱 Ⅳ .
① TS972.127

中国版本图书馆 CIP 数据核字（2021）第 251651 号

	QIAOCHUNIANG SHI NIAN JINGDIAN　LIANGBANCAI
书　　　名	巧厨娘十年经典　凉拌菜
组 织 编 写	美食生活工作室
参 与 编 写	谢宛耘
出 版 发 行	青岛出版社
社　　　址	青岛市崂山区海尔路182号（266061）
本 社 网 址	http://www.qdpub.com
邮 购 电 话	0532-68068091
策 划 编 辑	周鸿媛
责 任 编 辑	肖　雷
特 约 编 辑	刘　倩
封 面 设 计	毕晓郁
装 帧 设 计	毕晓郁　叶德永
制　　　版	青岛乐道视觉创意设计有限公司
印　　　刷	青岛新华印刷有限公司
出 版 日 期	2022年1月第1版　2022年1月第1次印刷
开　　　本	16开（787毫米×1092毫米）
印　　　张	14
字　　　数	343千
图　　　数	1507幅
书　　　号	ISBN 978-7-5552-8515-1
定　　　价	39.80元

编校印装质量、盗版监督服务电话　4006532017　0532-68068050
建议陈列类别：生活类　美食类

十年陪伴，味道传承

十年踪迹十年心

2011年，青岛出版社的《巧厨娘家常菜》和《巧厨娘妙手烘焙》悄然上市。自此，"巧厨娘"品牌出现在美食书籍市场。

图片精美，步骤讲解翔实，价格适中。好评如潮水般汹涌而来，市场反响热烈。我们坚信"巧厨娘"系列图书，贴近读者的需求，想读者之所想，是必然可以成功的作品。这也成了支撑我们继续前行的动力。

秉承着这份初心，我们不断壮大"巧厨娘"品牌。十年来，每年出版一季巧厨娘主打产品，并陆续出版了"一本全"系列、"微食季"系列等多种产品。在内容上，我们更加注重健康、实用；在版式上，我们极力追求时尚大方；在图片上，我们要求精益求精。这一系列的改变，只为能够帮助读者快速入手，让大家能够将书里的美味端到餐桌上。

十年风月旧相知

十年的时间，虽然只是岁月长河中的一朵小浪花，却是人生中的一段漫长岁月。

十年前，有些年轻的夫妻对柴米油盐的生活还不熟悉，需要一个生活指导老师来对他们进行手把手的指导。下厨做羹汤，这是生活的第一步。"巧厨娘"实用性强的特点吸引了他们，帮助他们度过了那段懵懂的岁月。那个时候烘焙也刚成为大家的新宠，走在时尚前沿的《巧厨娘妙手烘焙》抓住了这一时代潮流。

十年后，"巧厨娘"传承的味道印在了孩子们的记忆里。孩子们逐渐成长为少年、青年。他们把爸爸妈妈学到的烹饪技能传承了下来。

有的也开始使用新的"巧厨娘"产品，自己下厨做菜。从十指不沾阳春水，到奏响锅碗瓢盆交响曲，把这份爱回馈给辛苦的父母，把这份爱传递给心爱的孩子。

十年磨剑锋刃出

有了十年的积淀，有了读者十年的喜爱，出版这一套"巧厨娘十年经典"系列图书，就是水到渠成的事情了。

这一系列图书共包含《小炒》《凉拌菜》《汤煲》《主食》《烘焙》《家常菜》6种产品，选取了前期作品中的经典菜肴为主打内容，也适当加入了一些新的内容。希望您一如既往地关注我们。

美食生活工作室

巧厨娘十年经典 凉拌菜

目录CONTENTS

扫一扫，加入青版图书数字服务公众号，选择"巧厨娘十年经典　凉拌菜"即可观看带📷图标的美食制作视频。

Part 1

爱上凉拌菜

一、
爱上凉拌菜，四季都要吃

　　现代人由于工作压力大，容易上火。再加上有些地区冬天使用空调或暖气等设备，燥热的环境使得体内的火气难以找到出口，因此，人们现在一年四季都适宜吃些爽口的凉拌菜。

凉拌菜与健康

　　相比于热菜，凉拌菜的制作方式，能够保留食材中更多的营养成分。做凉拌菜使用的油一般比较少，更健康，其瘦身美容、养生保健的功效也更加突出。

　　凉拌菜中素菜类的食材大多数是直接生食或仅经过汆烫，因此制作凉拌素菜时首选新鲜食材，若能选择当季的有机蔬菜则更佳。所选菜的根部和菜叶常附着沙石、虫卵，因此，做凉拌菜一定要把食材仔细冲洗干净。

　　现代人生活节奏都很快，常常不能很好地做饭，而凉拌菜做法简单、营养丰富，是适宜常做的菜式。菜虽然是凉拌的，但用心调制的过程却有爱的温度。

二、做好凉拌菜，料汁是关键

制作凉拌菜，要准备好味道很好的调味汁。手里掌握几种关键料汁的制作方法，将会使做出的凉拌菜美味爽口。

（一）自制葱油——制作凉拌菜常用的调味品

一瓶上好的葱油是制作凉菜的秘密武器！即使是普通的青菜，只要稍微点上一些葱油，再加少许盐，都可以做成一盘不错的小凉菜哦！

所需食材 葱白、姜块、蒜瓣、香菜、色拉油各适量（用量可以根据需要自己调节）

做法

姜块放在案板上，用刀拍破。

去皮的蒜瓣去掉近根端，用刀切整齐。

整棵香菜洗净，切下香菜根备用。其他部分做其他菜使用。香菜根是有提香作用的食材。

葱白切成小段。

锅中加入色拉油烧热，将拍好的姜块放入油锅中，中火炸至颜色呈金黄色且表皮较干。

锅中再放入葱白段。

放入蒜瓣，转成小火继续炸制。

加入香菜根，继续用小火炸制。注意火力不要太大，否则会使材料变煳，影响口感。

炸到所有食材不再冒泡后关火，凉凉后捞出炸干的食材。凉凉的葱油放进玻璃盛器中保存即可。

🥢 **葱油在本书部分菜品中的应用：**

坚果菠菜　　　　　熏油豆皮黄瓜丝　　　　　水晶茼蒿菜　　　　　百合芦笋拌金瓜

（二）麻酱小料——味道浓香，咸鲜醇正

在制作苦麦菜、黄瓜、茄子、豆角等蔬菜类凉拌菜时，经常会用到麻酱小料。自己调制的麻酱小料味道浓香，咸鲜醇正。

芝麻酱含钙量高，经常适量食用对人体的骨骼、牙齿都有益处。芝麻酱含铁量也比较高，经常适量食用可以预防缺铁性贫血。芝麻酱对防止头发过早变白和脱落，有一定的作用。芝麻酱也是涮火锅时常用的蘸料，能起到提味的作用。

需要注意的是，芝麻酱的热量较高，因此不宜多吃。

🥜 **所需食材**　　芝麻酱 4 小匙，白芝麻 2 小匙，盐 2 克，蒜泥 20 克

🧂 **做法**

芝麻酱中加入 10 毫升纯净水调开。水不宜一次性全部加入，边调边加为宜。

将白芝麻放入锅中，小火炒熟后碾碎，加入调好的麻酱料里。

最后加入盐和蒜泥，调匀即可。

Part 2

四季皆可拌

坚果菠菜

| 难度★

原料 菠菜250克，核桃仁、杏仁、腰果、松子等坚果各适量（可根据个人口味选择）

调料 盐少许，葱油适量

制作心得

◎ 要选用叶嫩的小棵菠菜，且保留菠菜根。

◎ 菠菜可用来做姜汁菠菜、芝麻菠菜等。

◎ 最好先把菠菜焯一下，沥水后再使用。

步骤

1 锅中加入清水，置火上烧开。先烫菠菜根，再将整棵菠菜全部放入沸水中焯烫。

2 整根菠菜焯烫2分钟左右，捞出，放入凉水中过凉。

3 将烫好、凉凉的菠菜先切下根部。将红色的菠菜根切碎。

4 再将菠菜的茎和叶依次切成小段。

5 将菠菜段放入盛器中，根据自己的口味调入少许盐和适量葱油。

6 最后放入坚果，拌匀即可。

虾皮油菜苗 | 难度★

原料　虾皮 40 克，油菜苗 250 克

调料　葱油 10 克

步骤

1
油菜苗用清水稍洗一下。不要使劲搓洗。

2
备好虾皮。

3
锅里放少许葱油加热，将一半的虾皮放入锅中炒至焦香。

4
将炒好的虾皮直接放入油菜苗里，调拌均匀。

5
再将剩余的虾皮全部放入油菜苗中即可。

小米辣菜胆 | 难度★

原料　菜胆 250 克

调料　鲜小米辣椒 2 个，花椒少许，盐、色拉油各适量

步骤

1. 菜胆洗净，控干水。
2. 洗好的菜胆切成寸段，装入碗中备用。小米辣椒切成小段。
3. 将所有调料混合，倒入锅中烧热后炝入菜胆中，调拌均匀即可。

油醋汁穿心莲

| 难度★★

原料　蔬菜穿心莲 250 克，小干洋葱少许

调料　黑胡椒碎 5 克，白葡萄酒醋 15 毫升，橄榄油 5 克，盐 3 克

步骤

1. 蔬菜穿心莲取鲜嫩的小叶，洗净后放在盛器中。小干洋葱切成洋葱圈。
2. 玻璃容器中加入黑胡椒碎。
3. 再向玻璃容器中加入白葡萄酒醋。
4. 加入橄榄油，调入盐，即成油醋汁。将配好的油醋汁和蔬菜穿心莲一起上桌。点缀上洋葱圈即可。

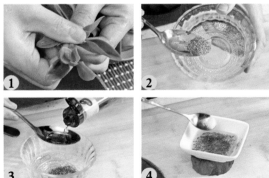

香椿芽拌豆腐 | 难度★★

原料　香椿芽 250 克，卤水豆腐 100 克

调料　花椒 5 克，盐 2 克，香油 3 克

步骤

1

将大部分香椿芽用 70℃热水稍烫，取出，切成碎末。

2

卤水豆腐用开水冲过后加入盐、香油。轻轻捏成豆腐碎。

3

焙干的花椒制成花椒碎，加入豆腐碎中搅拌均匀。

4

在圆柱形模具中将豆腐碎和香椿芽末逐层加入。

5

用勺轻压模具顶部，再慢慢将模具脱下来，再用剩余香椿芽装饰即可。

槐花紫薯泥 | 难度★★

原料 紫薯 2 个，槐花 100 克

调料 奶香沙拉酱 2 小匙

步骤

1 紫薯去皮，切厚片。

2 槐花用水浸泡后择洗干净。

3 紫薯放入加入适量水的锅中，小火煮 15 分钟。

4 煮好、凉凉的紫薯用手捏碎。

5 紫薯碎与槐花一同放在盛器内，加入奶香沙拉酱即可。

五彩鸡蛋

┃ 难度★★

原料 鸡蛋 4 个，干香菇 3 朵，乳黄瓜 1 根，青豆 20 克，火龙果（切小粒）少许

调料 盐适量，色拉油少许

步骤

1

鸡蛋煮熟。

2

煮熟的鸡蛋在凉水中过凉后去皮，切去 1/3 的蛋白。将蛋黄取出切碎。蛋白壳备用。

3

干香菇泡发后切碎。

4

切下的蛋白也切碎。

5

锅热后入少许色拉油，加入香菇碎、青豆和盐同炒至青豆成熟。

6

乳黄瓜切碎，与蛋白碎、蛋黄碎、青豆、香菇碎一同放入盛器中拌匀。

7

将拌好的材料装入蛋白壳内，装饰火龙果粒即可。

金蒜紫甘蓝 | 难度★★

原料 紫甘蓝 1/2 棵

调料 蒜碎 10 克，猪油 20 克，干红辣椒碎少许，盐适量

步骤

1. 紫甘蓝洗净后切成细丝，用清水泡开后拨散。
2. 锅烧热后，加入猪油，烧至化开。
3. 蒜碎放锅中炸至金黄后入干红辣椒碎略煸，关火，即成金蒜辣椒油。
4. 将炸好的金蒜辣椒油炝入紫甘蓝丝中，再加入适量盐调味即可。

 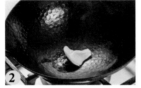

香麻海带丝 | 难度★★

原料 海带丝 200 克，胡萝卜丝少许

调料 葱丝、熟白芝麻、辣椒油、陈醋、盐各适量

制作心得 ◎ 海带的煮制时间要视其厚度而定，略厚的就要久煮一会儿，煮到用筷子或铲子轻触即断就可以了。

步骤

1. 海带丝放入凉水锅中，加 10 克陈醋，开火煮约 15 分钟。
2. 将煮熟的海带丝切成段后放入容器内。
3. 将葱丝、胡萝卜丝、熟白芝麻、陈醋、盐、辣椒油混合后浇在海带丝上即可。

青葱白肉

| 难度★★

原料 五花肉 500 克

调料 八角、葱段、桂皮、姜片
花生油各适量，白芝麻 1 大
匙，干红辣椒 4 个，陈醋
6 小匙，蒜碎 10 克，老抽
1/3 小匙，辣酱 1 小匙，香
葱 6 根

制作心得
◎ 挑选五花肉时要选皮
薄、肥瘦均匀的。
◎ 五花肉煮约 1 小时后，
可用筷子轻戳，很容易
插入就表示肉已经熟了。

步骤

1 五花肉切成大小均匀的四方
块，加入桂皮、八角、葱段、
姜片，煮至成熟。

2 煮熟的五花肉切成厚片。

3 白芝麻加入锅中，用小火焙熟。

4 香葱切段后放入玻璃碗中，再
将五花肉片放入其中。

5 将陈醋、老抽、辣酱、蒜碎放
入小碗中。将干红辣椒切成
段。锅中倒入少许油，放入干
红辣椒段炸制成辣椒油。趁热
向碗中炝入辣椒油，做成料汁。

6 熟白芝麻撒进料汁里，调拌均
匀后与五花肉片一起拌匀即可。

鲜蚕豆小河虾 | 难度★★

原料　小河虾 500 克，新鲜蚕豆 250 克

调料　干淀粉 10 克，盐 2 克，色拉油 100 克，椒盐、辣椒粉各 5 克

步骤

1
新鲜蚕豆用清水泡 20 分钟，洗净后沥水。

2
将小河虾头部的"虾枪"剪去。

3
处理好的小河虾用盐、干淀粉拌好。

4
锅内倒色拉油，烧至四成热。将新鲜蚕豆倒入锅中，低温炸至蚕豆都浮上油面，捞出后将小河虾放入，炸至金黄。

5
将炸好的蚕豆与小河虾混合后撒入椒盐、辣椒粉，调拌均匀即可。

手撕虾仁鲜笋

| 难度★★

原料 鲜竹笋 200 克，虾仁 100 克

调料 花椒 10 粒，盐 2 克，花生油适量

步骤

① 虾仁去虾线，入水汆熟后凉凉。

② 鲜竹笋洗净去皮，切成大小均匀的块。

③ 锅中倒入适量的水，加盐煮开。

④ 鲜竹笋块放入盐水锅中煮开。

⑤ 煮好的虾仁用手撕成小块。将鲜竹笋块放在虾仁块上。

⑥ 将花生油烧热，放入花椒炸香，然后将热的花椒油浇在鲜竹笋虾仁上即可。

豉香八带 | 难度★★

原料　八带 1 只

调料　辣豆豉 20 克，小香葱适量

步骤

1

新鲜的八带清洗后，将外皮的深褐色膜慢慢撕掉，切成寸段。

2

锅中加水，水开后放入八带段，用沸水煮 3 分钟。

3

将煮好的八带段放入盛器中。

4

把辣豆豉剁碎后加入盛器中。

5

放入切碎的小香葱，装盘即可。

芝麻鲜鱿圈 | 难度★★

原料 新鲜鱿鱼（小）200 克，黄瓜片适量，
西红柿片 1 片

调料 姜末、蒜末、熟白芝麻、盐、干红辣椒段、
色拉油各适量

步骤

1. 新鲜小鱿鱼洗净后去膜，切圈，入开水锅中氽
   3 分钟后捞出。
2. 把姜末、蒜末、熟白芝麻与鲜鱿圈一同拌匀。
3. 加入适量盐。
4. 热锅加色拉油烧热，加入干红辣椒段，煸成辣
   椒油。将辣椒油炝入鲜鱿圈内。将事先切好的
   黄瓜片摆在盘子底部，倒入炝好的鲜鱿圈，放
   上 1 片西红柿片装饰即可。

干贝西芹 | 难度★★

原料 干贝 150 克，西芹适量

调料 花椒 10 粒，色拉油少许，花雕酒 200 克，
盐适量，红辣椒块少许

步骤

1. 干贝放入锅中，加入花雕酒和水，小火煮至干
   贝柔软。关火后在汤中浸泡一段时间，捞出
   凉凉。
2. 西芹切成寸段后放入水中焯 3 分钟，捞出，
   置于凉水中过凉。
3. 将浸泡好的干贝捞出与西芹段混合，加入适量
   盐调味。
4. 锅热后入色拉油，将花椒炸香后炝入西芹中，
   装饰红辣椒块即可。

辣炝圆白菜 | 难度★★

原料 圆白菜 1/2 棵

调料 色拉油 1 大匙，蒜末、干红辣椒段、盐各适量

步骤

1
用手将圆白菜的叶片轻轻撕开，去掉较厚的硬梗。

2
锅中加清水烧开后，加 1/4 小匙盐，放入手撕圆白菜片，煮至叶片稍显透明后捞出，放入凉水盆中。

3
将凉水盆中的圆白菜片捞出，挤干水，放入盛器中，加入蒜末。

4
再加入适量盐调味。

5
炒菜锅内加 1 大匙色拉油，待油八成热时加入干红辣椒段炸香，炝入圆白菜片中，调拌均匀即可。

金蒜莜麦菜 | 难度★★

原料 花生米 200 克，莜麦菜 500 克

调料 蒜碎 10 克，盐少许，植物油适量

制作心得 ◎ 莜麦菜放锅中翻炒不要超过 3 分钟，否则叶子会变色，影响口感。

步骤

1 莜麦菜洗净后切成寸段。

2 花生米放入冷油锅中，用中小火慢慢炸香，凉凉后去皮备用。

3 原锅中留油，待油温降低后，放入蒜碎，慢慢炸至呈金黄色，捞出凉至酥脆。

4 莜麦菜段放入锅中翻炒片刻，立即盛出。

5 将炸好的花生米、蒜碎、盐与莜麦菜段一起拌匀即可。

津味老虎菜 | 难度★★

原料 花生米适量，青椒适量

调料 甜面酱 60 克，黄豆瓣酱 20 克，香菜、葱白、盐、植物油各适量

步骤

1. 香菜洗净后切成长段。
2. 葱白、青椒切成与香菜段长度差不多的细丝，与香菜段混合。
3. 将甜面酱与黄豆瓣酱混合。
4. 花生米在油冷时入锅，炸香、凉凉后与第二步切好的材料混合，再浇入混合、调匀的酱料即可。

老味芥末黄瓜墩 | 难度★★

原料 黄瓜 1 根

调料 芥末粉 50 克，盐、糖各 1 小匙

步骤

1. 黄瓜洗净后切成外形短粗的黄瓜墩。
2. 用盐和糖将黄瓜墩腌渍半小时至其出水、入味，再将水充分挤出。
3. 取小碗，将芥末粉放入其中，加 25 毫升开水调拌均匀并立即用保鲜膜封好，即成芥末水。
4. 将芥末水闷制 10 分钟后浇在黄瓜墩上即可。

笋干青瓜卷 | 难度★★

原料 燕笋干 250 克，黄瓜 1 根

调料 红烧排骨汤适量

步骤

1. 燕笋干用温水泡发 4 ~ 6 小时后清洁干净，切成长短一致的条。
2. 红烧排骨汤烧开后放入燕笋条，煮至入味后盛出，备用。
3. 用手轻按黄瓜尾端，用刮皮刀从头至尾刮成一片片整片的黄瓜薄片备用。
4. 燕笋条码在黄瓜薄片的一端，用黄瓜薄片将燕笋条卷成卷，摆入容器内即可。

盐渍瓜皮 | 难度★★

原料 黄瓜（长）2 根

调料 盐、蚝油各 10 克，白糖、醋各 20 克，炸好的干红辣椒段适量

步骤

1. 黄瓜洗净，先切成大小一致的 4 段再用刀将黄瓜皮顺时针慢慢转动切下，注意不要切断，即成黄瓜皮卷。
2. 黄瓜皮卷用盐、醋、白糖腌 10 分钟左右。
3. 剩余的去皮黄瓜榨成黄瓜汁。
4. 黄瓜皮卷腌好后用手挤干水，调入蚝油，放入炸过的干红辣椒段，搭配黄瓜汁一起食用即可。

熏油豆皮黄瓜丝 | 难度★★

原料　熏油豆皮 250 克，黄瓜 1 根，青豆适量

调料　盐、陈醋、自制葱油、蒜末各适量

步骤

1 熏油豆皮切成宽条，抖开。

2 黄瓜切成细丝。

3 熏油豆皮条与黄瓜丝混合后加入适量盐调味。

4 加入蒜末、陈醋调味。

5 最后加入自制葱油调拌均匀。装盘时用筷子夹起适量熏油豆皮条和黄瓜丝转一圈，即成花朵状。放入盘中，点缀上少许青豆即可。

木耳苦瓜结 | 难度★★

原料 水发木耳 50 克，苦瓜 1 根

调料 葱油、辣根、生抽各适量

准备 将水发木耳用热水焯熟后凉凉。

步骤

1
苦瓜洗净，切去两端。

2
苦瓜从中间剖开后去瓤。

3
再用刮皮器刮成长长的薄片待用。

4
将苦瓜薄片系成小小的苦瓜结，待用。

5
辣根和生抽调匀，与焯熟的木耳拌匀后与苦瓜结一同装入容器内。

剁椒手撕蒜薹 | 难度★★

原料 蒜薹 250 克，花生米 250 克

调料 八角、桂皮、小茴香、盐、自制葱油各适量，剁椒 20 克

步骤

1
花生米用水、八角、桂皮、小茴香、盐煮熟后浸泡入至味。

2
净锅内加水，烧开后将处理干净的蒜薹放入水中焯水。

3
用刀将焯好的蒜薹根端轻轻切开一小部分。

4
用手顺着蒜薹裂开的方向轻轻撕开，尽量不使其断开。

5
将撕好后的蒜薹放在盛器中码放整齐。

6
将剁椒、葱油、花生米与蒜薹一起调拌均匀，分装在小盘中即可。

酸汤
西葫芦丝 | 难度★★

原料 西葫芦 1 个（250 克左右）

调料 鲜小米辣椒 2 克，姜、蒜各 5 克，
生抽、糙米醋各 2 小匙，酱油
1 小匙，柠檬 1/2 个

准备 蒜、姜切成碎末。鲜小米辣椒
切成小圈，待用。

步骤

1
将西葫芦清洗干净，斜着切成
较大的薄片。

2
再将西葫芦薄片改刀切成细丝。

3
将西葫芦丝放入冰水中浸泡
10 分钟。

4
将放入调料碗中姜末、蒜末、
一部分小米辣圈。再加入将酱
油、生抽、糙米醋。

5
将鲜柠檬汁挤入调料碗中，调
拌均匀制成调味汁。

6
将泡好的西葫芦丝捞出装入盘
中，撒上剩下的小米辣圈，浇
上调味汁即可。

苦瓜拌菠萝 | 难度★★

原料　菠萝（去壳，取肉）1/4 个，苦瓜 1 根

调料　蜂蜜柚子茶 40 克

准备　菠萝肉切成丁。

步骤

1. 将苦瓜两端切除，再将中间的瓤去掉。
2. 将苦瓜切成苦瓜圈。
3. 锅内烧开水后，将苦瓜圈焯水 3 分钟。
4. 将苦瓜丁、菠萝丁与蜂蜜柚子茶调拌均匀即可。

金蒜荷兰豆 | 难度★★

原料　荷兰豆 250 克

调料　蒜碎 20 克，鲜红辣椒 1 个，色拉油 2 小匙，盐 1/3 小匙

步骤

1. 荷兰豆去掉两端后择洗干净，放开水中焯烫至变色。
2. 焯烫后的荷兰豆用凉水过凉后控干。
3. 蒜碎入油锅炸至金黄后捞出，凉凉，与红辣椒圈一起放入荷兰豆中。
4. 最后加入 1/3 小匙盐调拌均匀即可。

鸡蛋干紫甘蓝 | 难度★★

原料 鸡蛋干1袋，紫甘蓝1/2棵，油炸花生米碎适量

调料 盐、鲜小米辣段、植物油各适量

步骤

1
紫甘蓝洗净后切条。

2
将紫甘蓝条放入开水中焯一下。

3
向紫甘蓝条内加盐调味。

4
锅热后加适量植物油，鸡蛋干切条后放入锅中煸炒至两面金黄。

5
在炒好的鸡蛋干条、紫甘蓝条中加入油炸花生碎、小米辣段同拌即可。

XO 酱香茄条 | 难度★★

原料　长茄子 2 个（250 克左右），红菜椒 1/2 个

调料　XO 酱 50 克，蒜瓣 5 瓣，植物油适量

准备　将长茄清洗干净。蒜瓣剁碎，红菜椒切碎。

步骤

1
将长茄子切成细长的条。

2
锅中加适量植物油，烧热后将茄条放入，炸至呈金黄色、变软后捞出。

3
另起油锅，将茄条煎一次。

4
将煎好的茄条放在厨房用纸上，去除表面浮油后装盘。

5
依次将 XO 酱、蒜碎、红菜椒碎整齐地摆放在茄条上即可。

芝麻酱
长茄豆角

| 难度★★

原料 长茄子1个，豆角250克

调料 蒜末、色拉油、麻酱小料各适量

制作心得

◎ 煸豆角时要用小火，一定要煸熟、煸透。食用半生的豆角会引起食物中毒。

◎ 调制麻酱时最好选用纯净水或是凉开水，不要用自来水。

◎ 调制麻酱时，水要慢慢加入，这样才能调匀酱汁。

步骤

1 长茄子用刀背轻轻拍破，然后用手将长茄子掰成长块。豆角掰成寸段。

2 锅烧热，放少许色拉油、小部分蒜末。将豆角段用小火煸熟。

3 另起锅，油热后将茄块放入锅中，小火煸炒至软烂。

4 将煸熟的茄块和豆角段混合。

5 将麻酱小料浇在茄块和豆角段上拌匀，撒上蒜末即可。

糖醋水萝卜 | 难度★★

原料　水萝卜2根

调料　干红辣椒段、花椒、花生油、盐各适量

步骤

1. 水萝卜洗净去绿缨，切成蓑衣刀。
2. 向切好的水萝卜内加入盐，腌渍半小时。
3. 将腌好的水萝卜里的水充分挤出。
4. 用花生油将干红辣椒段、花椒炒香，淋在水萝卜上即可。

橙香百合鲜芦笋
| 难度★★

原料　鲜芦笋250克，橙子1个，鲜百合20克

调料　蜂蜜、白糖、盐、色拉油各1小匙

步骤

1. 鲜芦笋洗净去掉老皮，切长段。锅内加清水烧开，加入盐及色拉油后放入芦笋段焯至变色。鲜百合焯水待用。
2. 芦笋段放入冰水中冷却。
3. 半个橙子用料理机打成较稠的橙汁，另外半个剥肉后切块，与芦笋段同拌。
4. 橙汁内加入蜂蜜及白糖调匀，食用时蘸食即可。

芝麻酱拌鲜芦笋 | 难度★★

原料 去皮鲜芦笋 250 克，小干洋葱 1 个

调料 盐 $1\frac{1}{2}$ 小匙，蒜末、熟白芝麻、芝麻酱各适量

步骤

1
锅中加入清水，烧开后加入 1 小匙盐。

2
将芦笋洗净后切成长段，放入水中焯 3 ~ 4 分钟后捞出。

3
将芦笋段在凉水中静置片刻。

4
将芦笋段捞出后摆盘。

5
将小干洋葱切成细丝。

6
向芦笋段中加入蒜末、小干洋葱丝、剩余盐、芝麻酱调拌均匀后撒上熟白芝麻即可。

彩虹豆腐 | 难度★★

原料 乳黄瓜 1/2 根，杞果、红菜椒、黄菜椒各 1/2 个，紫甘蓝 1/5 个，卤水豆腐 300 克，心形酸奶溶豆少许

调料 盐 3 克，香油适量

步骤

1. 卤水豆腐用手捏碎（不宜捏得过小），撒上盐，滴入香油。
2. 红菜椒、黄菜椒、紫甘蓝、乳黄瓜、杞果切成大小相仿的颗粒。
3. 所有食材与心形酸奶溶豆一起在盘中摆成彩虹状即可。

尖椒皮蛋 | 难度★★

原料 松花蛋 3 个

调料 姜 4 克，蒜 2 克，生抽 10 克，香油、醋各少许，青尖椒 2 个

准备 姜、蒜剁成末。松花蛋去皮。

步骤

1. 青尖椒用刀轻轻拍破。
2. 将青尖椒用小火焗至微微绽开后取出，凉凉后用手撕成大块。
3. 松花蛋用手掰成块与青尖椒块混合在一起。
4. 向其中加入香油、生抽、醋拌匀，撒上姜末和蒜末即可。

尖椒鸡 | 难度★★

原料 三黄鸡1/2只

调料 杭椒、美人椒各100克，香叶2片，八角2颗，桂皮3克，柠檬（挤汁用）1/2个，柠檬片3片，蒜瓣3瓣，辣鲜露、糙米白醋各20克，酱油15克

步骤

1 将鸡放入锅中，加上凉水、柠檬片、八角、香叶、桂皮，用大火烧开后转至小火煮30分钟。出锅后迅速放入凉开水中过凉，3分钟后捞出、斩成寸块。

2 将杭椒、美人椒均切成小椒圈。

3 蒜瓣切成薄片后与杭椒圈、美人椒圈混合。

4 加入辣鲜露和酱油。

5 加入20克糙米白醋调成料汁。

6 调好的料汁里再挤入柠檬汁即为辣料汁。

7 将杭椒圈和美人椒圈铺在鸡肉上，淋入调好的料汁即可。

鸡丝拉皮

| 难度★★

原料 鸡腿肉200克，东北拉皮2张，胡萝卜、黄瓜各20克

调料 葱末、姜末、蒜末各5克，陈醋30克，蚝油2小匙，老抽1/2小匙，盐2克，干红辣椒2个，香菜1根，水淀粉、色拉油各适量

步骤

1
鸡腿肉切丝，加入盐、水淀粉上浆后用色拉油封好，静置大约20分钟。

2
胡萝卜、黄瓜洗净后均切成细丝。香菜切段。干红辣椒切段。

3
将拉皮放入盛有热水的盆中，用筷子拨散，并加入适量色拉油，拌匀。

4
锅热后加入色拉油，油热后加入葱末、姜末，倒入鸡丝滑炒至颜色发白，再加入蚝油、老抽。炒好的鸡丝内加入拉皮继续翻炒，同时烹入陈醋。

5
盘中铺一层黄瓜丝，盖上炒好的鸡丝拉皮，加入胡萝卜丝，再加入蒜末及香菜段，炝入用干红辣椒段炒制的辣椒油，凉凉即可。

捞汁响螺肉 | 难度★★

原料 新鲜海螺 1000 克，金针菇 20 克

调料 鲜花椒、盐各 2 克，小米辣（切圈）2 个，
青柠檬（挤汁用）1/2 个，姜末、蒜末
各 3 克，米醋 20 克，辣鲜露 10 克，生
抽 2 小匙，白糖、蚝油各 1 小匙

步骤

1. 将新鲜海螺放入开水中汆熟，待其不再冒出污
   水时捞出。
2. 向姜末、蒜末内挤入青柠檬汁，依次加入米醋、
   辣鲜露、盐、生抽、白糖、蚝油，调匀后即
   为捞汁。
3. 金针菇用开水焯烫 3 分钟，捞出后放入凉水中。
4. 海螺去壳取肉，去内脏，片成薄片后挤干水，
   和金针菇一起混合，放上鲜花椒和小米辣椒圈，
   浇入已调好的捞汁，装盘即可。

老胡同拌麻蛤

| 难度★★

原料 麻蛤 500 克，黄瓜丝 200 克

调料 蒜末、姜末、酱油各 1 小匙，醋 2 小匙，
干红辣椒少许，植物油、盐各适量

准备 先把姜末、蒜末、醋、盐、酱油调和在
一起，做成料汁。干红辣椒切成段后炸
成辣椒油。

步骤

1. 麻蛤放入开水中稍微汆烫后关火，捞出，
   清洗。
2. 将麻蛤放入锅中，重新加热。锅中水再次沸腾
   时，看到所有麻蛤的壳全部打开、不再有污水
   渗出，即可捞出去壳，控干水。
3. 盘中用黄瓜丝垫底，放入麻蛤肉及调配好的料
   汁，炝入用干红辣椒做成的辣椒油即可。

泰式辣椒酱拌墨鱼仔 | 难度★★

原料　墨鱼仔 250 克

调料　剁辣椒 100 克，蒜末 40 克，白醋 4 小匙，白糖 2 小匙，柠檬 1/2 个，泰国鱼露 20 克，小米辣椒 2 个

步骤

1
将剁辣椒与小米辣椒混合。

2
向其中加入白糖、蒜末后调匀。

3
向混合好的酱料里挤入柠檬汁、泰国鱼露、白醋拌匀，制成泰式辣椒酱备用。

4
洗净的墨鱼仔用水氽熟。氽水时将之前挤汁用的柠檬切成块加入水中去腥，捞出墨鱼仔，凉凉。

5
将自制泰式辣椒酱与墨鱼仔混合即可。

酸甜蜇头 | 难度★★

原料　蜇头 250 克，黄瓜 1 根

调料　蒜末 20 克，姜末 40 克，陈醋 6 小匙，白糖 2 小匙

步骤

1
蜇头用清水浸泡 4～5 小时，去除咸味。

2
泡好的蜇头片成斜片。黄瓜切丝后垫于蜇头片下。

3
将姜末、蒜末置于蜇头片和黄瓜丝上。

4
将白糖、陈醋混合调匀，做成料汁。

5
将调好的料汁浇在蜇头片、黄瓜丝上即可。

凉拌莜面鱼鱼 | 难度★★

原料 莜面 200 克，黄瓜 1/2 根

调料 蒜瓣 4 瓣，干红辣椒 3 个，醋 100 克，盐 5 克，色拉油少许

准备 蒜瓣捣成泥。将干红辣椒切成段后，用少许色拉油炸制成辣椒油。蒜泥、醋、辣椒油、盐调匀成料汁。

步骤

1 在莜面内加入滚烫的开水，用筷子将莜面搅拌均匀。

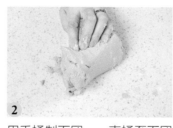

2 用手揉制面团，一直揉至面团光滑、软硬适中。

3 揪下一个小指肚大小的面团，用手慢慢地来回搓，就可以得到两头尖的莜面鱼鱼生坯了。

4 将莜面鱼鱼生坯放入蒸锅，锅开后蒸制 3 ~ 4 分钟，取出凉凉。

5 蒸熟的莜面鱼鱼会粘在一起，凉凉后用手撕开。拌入黄瓜丝和料汁即可。

水晶茼蒿菜 | 难度★★

原料 茼蒿 250 克，干粉丝 1 把，枸杞 10 克

调料 自制葱油 1 小匙，盐、芥末油各适量

步骤

1 锅中加入少许盐，注入清水烧开。

2 将茼蒿洗净后放入锅中焯水，焯好后迅速置于凉水中过凉。

3 将茼蒿取出，沥水，切成段，备用。

4 干粉丝用温水泡开，再放入锅中煮至透明，捞出用凉水过凉。

5 茼蒿段内放入自制葱油、盐调拌均匀。

6 向茼蒿段内加入粉丝、芥末油及枸杞，再调拌均匀即可。

泡椒藕带 | 难度★★

原料 藕带 200 克，黄瓜半根

调料 白糖、辣鲜露各 2 小匙，柠檬汁 1 小匙，盐 1/2 小匙，白醋 4 小匙，小米泡椒（切段）10 个，鲜红辣椒段少许

步骤

1. 清洗干净的藕带用开水烫过后切成小段，加入白醋、白糖、小米泡椒段腌渍 5 小时后挤出汤汁。
2. 黄瓜切片后与少许鲜红辣椒段同时放入腌渍好的藕带段中。
3. 将辣鲜露、盐、柠檬汁与藕带段调拌均匀即可。

香麻青椒藕片
| 难度★★

原料 藕 200 克，青椒 50 克，枸杞 20 克

调料 花椒、盐、植物油各适量

步骤

1. 青椒洗净后切成菱形块。
2. 枸杞用温水泡开，捞出，沥水备用。
3. 藕洗净切成四分之一圆片，用开水焯 5 分钟至透明。藕片与青椒块混合后加入盐拌匀。
4. 炒锅烧热入植物油，加花椒炸香后炝入藕片中，再加枸杞拌匀即可。

蜜糖紫薯百合 | 难度★★

原料 紫薯 2 个，鲜百合适量

调料 桂花蜜 4 小匙，干桂花 10 克，冰糖适量

步骤

1 紫薯去皮，切成宽条后放入凉水锅中，用大火煮大约 10 分钟后，用筷子轻戳变软即可捞出。

2 煮好的紫薯条迅速放入凉水中冷却，不要使其变软。

3 鲜百合放入开水中焯烫 1 分钟，至其呈雪白色捞出。

4 锅中倒入桂花蜜，加入干桂花及冰糖熬煮至糖汁黏稠，即成桂花糖浆。

5 将紫薯条交错层叠地摆放成井字形，放入百合，浇上桂花糖浆即可。

桂花蜜柚山药 | 难度★★

原料 铁棍山药 300 克

调料 桂花酱、干桂花、蜜柚酱各适量

步骤

1 铁棍山药洗净，去皮，切成厚块。

2 锅中倒入水，大火烧开后将山药块放入煮 5 分钟，捞出，放入凉水中冷却。

3 将山药块捞出，用厨房用纸将多余的水吸干。

4 桂花酱和蜜柚酱按照 2：1 的比例调拌均匀，撒上适量干桂花。

5 取一部分圆山药块，雕成花瓣状和圆形山药块一起装盘，浇上桂花蜜柚酱即可。

紫米山药

| 难度★★

原料 紫米 50 克，糯米 50 克，山药 500 克，熟蚕豆粒少许

调料 白糖 50 克，草莓味炼乳 1 小匙

步骤

① 紫米与糯米混合后用清水浸泡大约 2 小时，沥干水备用。

② 山药洗净去皮后切长段，与紫米、糯米一同放入蒸锅中，蒸制约 30 分钟。紫米与糯米一起蒸熟后即成紫米饭。

③ 将蒸好的紫米饭盛入碗中，加入白糖后翻拌均匀。

④ 将蒸熟的山药段碾成山药泥。

⑤ 向山药泥内加入草莓味炼乳翻拌均匀。

⑥ 取方形模具，将紫米饭铺在模具最下面一层，山药泥置于紫米饭的上面。

⑦ 将模具周围多余的食材整理平整，轻轻脱出模具即成紫米山药块，装盘时点缀熟蚕豆粒即可。

金玉虾仁酿苦瓜 | 难度★★

原料 玉米粒100克，熟虾仁50克，苦瓜2根，鸡蛋1个

调料 色拉油、盐各适量

准备 苦瓜洗净后切去两端，挖出苦瓜中间的瓤。

制作心得

◎ 蒸制苦瓜的过程中，盖子不要盖得过严，否则会使苦瓜变色。

步骤

1 玉米粒用刀切碎。

2 熟虾仁切成与玉米碎粒大小一致的碎粒，与玉米碎粒一起倒入盛器中。

3 向盛器中加入色拉油及盐调味，制成馅料。

4 馅料内磕入鸡蛋，搅均匀。

5 用筷子将馅料塞入苦瓜中，制成金玉虾仁苦瓜生坯。

6 蒸锅注入凉水，加热，水开后放入蒸箅。将金玉虾仁苦瓜生坯用大火蒸制5分钟，取出凉凉后切厚片摆盘即可。

百合芦笋拌金瓜 | 难度★★

原料 南瓜（即金瓜）1/2 个，鲜芦笋 5 根，鲜百合适量

调料 蒜碎 10 克，盐、自制葱油各适量

步骤

1
南瓜洗净去皮、去瓤，先对半切成半月形大块，再切成厚 1 厘米左右的片。

2
水开后放入南瓜片煮 8～10 分钟至微熟。

3
煮好的南瓜片取出，放入凉水中浸泡约 5 分钟。

4
鲜芦笋去根、去老皮后切成段。开水锅中加少许盐，放入鲜芦笋段焯水。

5
鲜百合放入开水中烫 2 分钟，待其呈雪白色盛出，放入凉水中冷却。

6
将所有原料混合后加入蒜碎及盐、自制葱油调味，盛出装盘即可。

桂花南瓜糖藕 | 难度★★

原料 南瓜 1/2 个，藕 200 克，青豆少许

调料 桂花酱 4 小匙，熟白芝麻 1 小匙，干桂花少许

步骤

1 青豆洗净，煮熟后捞出，沥干水。

2 藕洗净去皮后切小块，用清水浸泡冲洗。

3 南瓜洗净去皮后切成与藕块大小一致的小块，焯水后放入凉水中过凉。

4 将藕块捞出，用水焯过后泡入凉水中冷却。

5 将所有食材控干水后混合在一起，待用。

6 在桂花酱内加入适量的熟白芝麻及干桂花，调匀后淋在南瓜莲藕、青豆上即可。

番茄青豆拌核桃仁 | 难度★★

原料 番茄1个，青豆200克，鲜核桃仁20克

调料 自制葱油、白糖各适量

步骤

1. 青豆用水煮熟，捞出，沥水，待用。将番茄切成小丁。
2. 青豆与鲜核桃仁用自制葱油调拌均匀。
3. 加入白糖、番茄丁调拌均匀，装盘即可。

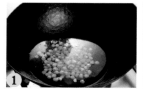

鲜菇青豆 | 难度★★

原料 青豆50克，平菇200克，枸杞少许

调料 盐、色拉油各适量

准备 青豆用水焯熟，备用。

步骤

1. 平菇掰成细条，洗净后待用。
2. 锅热后加入少许色拉油，将平菇条分次加入锅中用小火煎制。
3. 待平菇条煎至两面略呈金黄色且水全部析出后加入盐调味。
4. 将调好味的平菇条与枸杞、熟青豆一同拌匀即可。

青豆萝卜

┃ 难度★★

原料 白萝卜1根，胡萝卜1根，青豆50克

调料 糙米白醋1小匙，白糖1小匙

1

白萝卜、胡萝卜洗净后去皮。

2

白萝卜、胡萝卜均切薄片。

3

用各种做饼干用的小模具将萝卜片压出不同的形状。压好的萝卜片泡入清水中。

4

青豆焯水后泡入清水中。向各种形状的萝卜片内加入糙米白醋，腌渍半小时后挤出水。向萝卜片内加入白糖调拌均匀，装盘即可。

辣炝猪皮 | 难度★★

原料　猪皮 250 克，青椒丝、胡萝卜丝各适量

调料　蒜碎、干红辣椒段、醋、酱油、盐、八角、桂皮、色拉油各适量

步骤

1
猪皮洗净切成一指宽的条后汆水。锅内加入热水，放入猪皮条、八角、桂皮、少许酱油和少许盐，大火煮制半小时。

2
煮熟的猪皮条改刀成小段后放入盛器中，加入蒜碎。

3
加入青椒丝和胡萝卜丝，再放入醋、酱油拌匀后装盘。

4
锅烧热后加色拉油，将干红辣椒段炸成辣椒油炝入猪皮段中即可。

蛋网鲜虾卷

| 难度★★

原料 鸡蛋 3 个，土豆 1 个，鲜虾仁 10 只，面粉、胡萝卜、荷兰豆、黄瓜各 50 克，熟青豆少许

调料 迷迭香、色拉油各少许，黑胡椒碎 2 克，奶香沙拉酱 2 小大匙

准备 1. 虾仁去虾线后氽熟。
2. 土豆去皮，蒸熟。

步骤

1 鸡蛋磕入碗中打成蛋液。用细网筛入面粉，再用细网过筛，倒入一次性裱花袋内。在裱花袋前端剪一个小孔。

2 胡萝卜洗净去皮，切成半指宽的条，用开水焯两三分钟。黄瓜切成与胡萝卜条同宽的条。

3 荷兰豆焯水后切成细条。

4 虾仁放入开水锅中氽至变色捞出。虾仁对半切开，边角修饰整齐。

5 将蒸熟的土豆凉凉后装入密封袋内，将之碾成土豆泥。

6 土豆泥内加入奶香沙拉酱和黑胡椒碎。

7 不粘锅内放少许色拉油并抹匀，手持裱花袋沿锅内横竖挤压，形成网格，加热 10 秒翻面即可出锅，制成蛋网。重复上述步骤，制成 10 个蛋网。

8 取出的蛋网要用保鲜膜封好，保持湿度和软度。将蛋网平铺在菜板上，依次将土豆泥捏成长条状平铺在最下面，以便粘住上面的食材。最后将黄瓜条、胡萝卜条、荷兰豆条、虾仁卷入蛋网即可。依此法将剩下的食材做完，在每个蛋网上插入迷迭香，并在盘中点缀少许熟青豆即可。

腰果菜心

| 难度★★

原料 菜心 250 克，腰果 40 克，红菜椒丝少许

调料 葱白 10 克，蒸鱼豉油 3 小匙，盐少许，色拉油适量

制作心得
◎ 菜心焯水时放入盐或小苏打，一来可以去除残留的农药，二来可以使蔬菜保持碧绿的颜色。
◎ 炸制腰果时，要小火慢炸。

步骤

1 菜心洗净，切成寸段。

2 锅内放入凉水，加入盐，烧开后放入菜心段焯水。

3 捞出菜心段迅速放入凉水中冷却。

4 葱白切细丝，放入冰水中。

5 锅中加适量色拉油，油冷时将腰果入锅，小火慢炸使腰果变得酥脆、金黄，捞出后凉凉。

6 将腰果与菜心段、红菜椒丝、葱丝混合后加入蒸鱼豉油、盐，并焓入烧热的色拉油拌匀即可。

泡椒莲藕 | 难度★★

原料　藕 250 克，红菜椒 1 个

调料　泡椒 5 个，新鲜小米辣 3 个，辣鲜露 2 小匙，盐、色拉油各适量，柠檬 1/2 个

步骤

1
藕洗净后切成半圆片，放入开水中煮大约 4 分钟。

2
煮好的藕片放入凉水中冷却，以免变色。

3
将泡椒、小米辣切成小椒圈放入藕片内。

4
将柠檬汁挤入藕片内，加入辣鲜露、盐调味。

5
红菜椒切菱形片，用色拉油轻炒一下，拌入藕片中，凉凉后食用即可。

椒香笋丝 | 难度★★

原料 莴笋 1 根，红菜椒 1 个

调料 花椒 5 粒，盐、色拉油各适量

步骤

1. 莴笋洗净后去皮切丝，泡入凉水中待用。
2. 莴笋丝捞出控水后加入少量盐拌匀。
3. 红菜椒洗净后切成圈，加入莴笋丝中。
4. 用色拉油将花椒炸香。将热花椒油炝入莴笋丝内，调拌均匀装盘即可。

老胡同豆腐丝
| 难度★★

原料 五香豆腐皮 250 克，黄瓜适量

调料 葱白、盐各适量，醋 2 小匙，酱油 1/2 小匙

步骤

1. 五香豆腐皮切成细丝。
2. 葱白切成与五香豆腐丝同样宽的细丝，然后与五香豆腐丝混合在一起。
3. 黄瓜洗净切丝后也放碗内，加入醋、酱油调味。
4. 最后根据自己的口味调入盐即可。

菜蔬拌木耳 | 难度★★

原料 木耳、洋葱各适量

调料 香菜适量，蒜瓣4瓣，蚝油10克，酱油2小匙，自制葱油、盐各少许，糙米白醋1小匙

步骤

1. 木耳洗净泡发，待用。香菜择净后切成段。
2. 蒜瓣洗净，切成片，待用。洋葱洗净，切成洋葱圈。
3. 蒜片、蚝油、酱油、糙米白醋、盐、自制葱油调拌均匀，即成料汁。
4. 调拌好的料汁与木耳、洋葱圈、香菜段同拌即可。

黑椒口蘑 | 难度★★

原料 口蘑250克，青椒、红菜椒各1/2个，小干洋葱1个

调料 盐、黑胡椒各少许，橄榄油1小匙

步骤

1. 口蘑切成薄片，入开水中焯熟。
2. 向口蘑片中加盐，调拌均匀。青椒和红菜椒切成块。小干洋葱切成圈。
3. 青椒块、红菜椒块、小干洋葱圈混合在一起，加入黑胡椒、橄榄油调拌均匀后加入口蘑片装盘即可。

彩椒拌鲜菇

| 难度★★

原料 凤尾菇 150 克，杏鲍菇 150 克，红菜椒、黄菜椒各 10 克

调料 盐、色拉油各适量，黄油 20 克，蒜碎 10 克

步骤

1 凤尾菇用手撕成片。平底锅内放入黄油，烧化后放入凤尾菇片，煎至两面金黄盛出。

2 杏鲍菇切成滚刀块，放入锅中煎至变软、两面呈金黄色。

3 另起锅，加入适量色拉油，将两种蘑菇同时放入平底锅中，加蒜碎煎至出香味。

4 平底锅中加入盐进行调味，盛出凉凉待用。

5 红菜椒、黄菜椒切成大小合适的块。

6 煎好的蘑菇内再加入少许盐进行调味，加入红菜椒块、黄菜椒块即可。

多味五花肉 | 难度★★

原料　五花肉 500 克

调料　大蒜 50 克，陈醋 4 小匙，柠檬片 2 片，老抽 1/3 小匙，辣椒红油 2 小匙，香油少许，盐、八角、桂皮各适量

制作心得

◎ 蒜白捣出的蒜泥味道更好，捣蒜时可适量加些清水，出来的蒜泥更加黏稠。

◎ 家里可以常备些柠檬。它是做鱼、做肉的常用食材，是去腥、去膻的好武器！

步骤

1
五花肉切成整齐的方块，放入凉水锅中，加入八角、桂皮、柠檬片，水开后去浮沫，煮至熟。

2
取出五花肉方块，切成薄片。将五花肉片在盘中码成一排。

3
蒜瓣内加少许盐和水，捣成蒜泥。

4
蒜泥内加入陈醋、辣椒红油、香油调拌均匀制成料汁。将料汁浇在五花肉片上即可。

水波鸡肉卷 | 难度★★

原料　剔骨鸡腿肉 1 只，鲜虾仁 5 只，干松茸 6 朵，玉米粒（罐装）1/2 听

调料　色拉油 20 克，盐 3 克

步骤

1 剔骨鸡腿肉平铺在菜板上去除筋膜。将突起的部分切割整齐，制成鸡肉卷的肉皮。

2 切下来的鸡肉与鲜虾仁一起剁成肉馅。

3 干松茸用温水泡开，然后剁碎，一起拌入肉馅里。

4 玉米粒制碎后和色拉油、盐加入肉馅里调匀。取一张肉皮将馅料均匀地铺在里面。

5 将馅料裹入肉皮里卷起，制成鸡肉卷。鸡皮越完整越好。

6 鸡肉卷先用保鲜膜卷好，两端一定要拧紧，以防馅料挤出。

7 因为要隔水煮制，所以需要再包一层烘焙用铝箔纸。

8 将包好的鸡肉卷放入凉水锅中，开火煮制。

9 煮制 25 分钟后，用竹签扎入鸡肉卷中查看。

10 如果感觉扎起来有硬度且无汤汁渗出即可取出切段装盘，凉凉后食用即可。

豉香口水鸡 | 难度★★

原料 鸡腿1只，小干洋葱2个

调料 柠檬片2片，香叶1片，八角1颗，桂皮少许，香葱2根，辣豆豉2大勺，新鲜小米辣（切小圈）2个

步骤

1 清水中放入带骨鸡腿，加上柠檬片、香叶、八角、桂皮煮大约30分钟，取出凉凉备用。

2 将凉透的鸡腿剁成约1.5厘米宽的鸡腿肉块，码成一排放入盘中待用。

3 香葱洗净切成小葱花。小干洋葱洗净，切成圈，待用。

4 准备好2大勺辣豆豉。

5 将辣豆豉抹在鸡腿肉块上，撒上葱花、洋葱圈、小米辣椒圈即可。

手撕椒麻鸡

| 难度★★

原料 鸡腿1只，青椒、红菜椒各 100克，金橘50克

调料 干红辣椒10克，香菜20克，柠檬片3片，八角1颗，桂皮5克，香叶2片，藤椒油 15克，盐1小匙，熟白芝麻 2克

准备 将干红辣椒切成小圈。金橘对半切开。香菜切段。

制作心得
◎ 鸡腿若是选用冷冻的，则一定要充分解冻再进行加工，这样煮制的鸡腿吃起来才够爽滑。
◎ 煮鸡腿时加入柠檬片，既去除腥味又提升口感。

步骤

1 将鸡腿浸入凉水锅中，放入八角、桂皮、香叶、柠檬片，开大火烧开。

2 转小火煮20分钟至熟。鸡腿捞出凉凉备用。青椒去籽后切丝。

3 将红菜椒去籽后切丝。

4 鸡腿去皮后将鸡肉剥下。

5 将鸡腿肉撕成细鸡丝。

6 将切好的青椒丝、红菜椒丝、香菜段与鸡丝一同放入碗中。

7 将藤椒油倒入锅中加热，放入干红辣椒圈，炸至呈枣红色，制成辣椒油。

8 食材中加入盐，再浇入辣椒油，撒熟白芝麻，拌好装盘时摆金橘片装饰即可。

蘸水肥牛 | 难度★★

原料 肥牛（切片）500 克

调料 香菜（切末）3 根，蒜末适量，干红辣椒 10 个，熟白芝麻、香葱（切末）、色拉油、盐、枸杞各少许，麻椒油、酱油各 2 小匙

步骤

1. 香葱末、蒜末、香菜末同时放入碗中待用。
2. 干红辣椒剪成段，用色拉油炸香后加入碗中，同时加入少许盐调味。
3. 加入麻椒油后调拌均匀。调拌好的材料里最后撒上熟白芝麻，料汁即制作完成。
4. 锅中水烧开后将肥牛片放入水中汆烫至熟，撒上枸杞后蘸食料汁食用即可。

辣炝羊腰 | 难度★★

原料 羊腰 2 个

调料 香菜段 50 克，蒜瓣 4 瓣，白芝麻 10 克，辣椒油适量，盐 2 克，生抽 15 克，醋 30 克

准备 蒜瓣剁成蒜末。白芝麻炒熟。

步骤

1. 羊腰选外表光滑鲜亮的，洗净后去掉外皮筋膜，从中间切开，去掉内部的污汤。
2. 处理好的羊腰改切成十字花刀，即成羊腰花。
3. 将羊腰花放入沸水锅内煮 5 分钟，待血水全部释放出来，捞出沥水备用。
4. 腰花中加入香菜段、熟白芝麻、蒜末、盐、醋、生抽，再加入辣椒油即可。

鲜虾金针菇 | 难度★★

原料　莴笋1根，金针菇100克，鲜虾仁200克，柠檬（挤汁用）1/2个

调料　小米辣（切小椒圈）2个，姜末、蒜末、盐各适量，醋2大匙，白糖、
辣鲜露各1小匙，生抽2匙

步骤

1
新鲜莴笋去皮洗净，切成薄片
后备用。

2
将金针菇洗净后放入热水中焯
烫2～3分钟后捞出过凉水。

3
将处理好的鲜虾仁放入开水锅
中汆熟。

4
用厨房用纸将莴笋片的水充分
吸干，将莴笋片放于盛器最下
层，依次放入金针菇、鲜虾仁。

5
将蒜末、姜末、小米辣椒圈、
生抽、辣鲜露、白糖、盐均匀
混合在一起，挤入柠檬汁，浇
在食材上即可。

鲜虾香菇卷

| 难度★★

原料 鲜虾仁 6 只，青椒 1/2 个，鲜香菇 4 朵，鸡蛋 3 个

调料 盐适量，香油、植物油各少许

步骤

1 锅内加植物油烧热，鸡蛋打匀后放入平底锅内，摊成鸡蛋饼。

2 鲜虾仁放入开水中汆水至成熟。

3 将鲜虾仁用手撕成小块。青椒切成细丝，待用。

4 鲜香菇切成片后入水焯熟。

5 将虾仁块、青椒丝、香菇片混合在一起，加盐、香油调味，即成馅料。

6 鸡蛋饼铺平后，将馅料裹入其中，卷成卷，凉凉后斜刀切块装盘即可。

Part 3

巧手凉拌

糖醋辣白菜

| 难度★★

原料　大白菜 500 克

调料　盐 2 小匙，香油、色拉油各 1/2 大匙，白糖、醋各 3 大匙，花椒 7 克，干红辣椒 1 个，生姜 1 块，香菜叶少许

步骤

1

大白菜去除外部较干的菜帮后洗净。不要分开菜帮和菜叶，直接切成大三角片。

2

将菜帮和菜叶片放入容器中，撒上盐拌匀，腌 30 分钟。

3

干红辣椒去籽，切丝。生姜切细丝。将白菜片腌至变软时取出，用流水冲一下，挤干水，放入盛器中。

4

锅中放入香油和色拉油烧热，放入花椒小火爆香。煸成花椒油后捞出花椒粒弃用。

5

锅中加入干红辣椒丝和姜丝继续翻炒。

6

加入白糖和醋，略炒片刻后立即关火，即成糖醋料汁。

7

向白菜片中倒入糖醋料汁，点缀少许香菜叶即可。

五彩菠菜 | 难度★★

原料 菠菜 350 克，鸡蛋 1 个，香肠 1 根，冬笋、水发木耳各 50 克

调料 香油、盐、味精、姜末各适量

步骤

1 将菠菜择洗干净，放入沸水锅内烫一下。

2 捞出菠菜过凉，挤去多余水，切成黄豆大小的碎粒，备用。

3 冬笋、木耳洗净，放入沸水锅内焯熟。

4 鸡蛋磕入碗内，加少许盐搅匀，放入蒸锅中小火蒸成蛋羹。蒸好的蛋羹切丁，香肠、冬笋、木耳都切成黄豆大小的丁。

5 将菠菜碎、蛋羹丁、香肠丁、冬笋丁、木耳丁一同放大碗中，加入盐、味精、姜末、香油拌匀，先盛入碗中，然后压紧倒扣在盘内即可。

京酱菠菜 | 难度★★

原料 菠菜 300 克，猪肉末 100 克

调料 盐、味精、酱油、料酒、甜面酱、花生油各适量

 制作心得 菠菜最好是整棵地在沸水中焯烫，这样不易造成营养成分的损失。

步骤

1 锅内放花生油烧热，放入猪肉末煸炒至变色。

2 锅中加入甜面酱、酱油、料酒炒匀。

3 再加盐、味精及少许清水烧沸，制成肉酱，凉凉待用。

4 菠菜择洗干净，放入沸水锅中焯至断生，捞出凉凉。

5 将菠菜整齐地码放入盘中堆成小山状，淋上肉酱即可。

1

田七菜洗净，入热水锅中焯至断生后捞出。

2

白芝麻洗净，控干水，放入干锅中炒熟备用。

3

将田七菜放入凉开水中过凉，捞出沥干水，装入容器中。

4

容器中加入盐、白糖、醋、香油、鸡粉拌匀，撒上熟白芝麻即可。

凉拌田七菜 | 难度★

原料　田七菜200克

配料　盐、白糖、醋、香油、鸡粉各适量，白芝麻50克

凉拌苏子叶 | 难度★

原料 苏子叶 200 克，黄瓜 50 克

调料 盐、味精、香油、蒜泥、红辣椒丝各适量

步骤

1. 苏子叶洗净，切细丝。
2. 黄瓜洗净，切细丝，待用。
3. 将苏子叶丝与黄瓜丝放入碗中，加蒜泥、盐、味精、香油，拌匀后盛入盘中，点缀少许红辣椒丝即可。

金钩西芹 | 难度★

原料 西芹 200 克，海米 10 克

调料 香油、葱、姜、料酒、盐、味精各适量

步骤

1. 将海米用水泡开。葱、姜切末。
2. 泡好的海米放入碗中，加入葱末、姜末、料酒，入锅蒸制。蒸好后将海米取出，凉凉。
3. 西芹洗净，切段，放入沸水锅中烫熟，捞出沥干，备用。
4. 西芹段放入碗中，加盐、味精、香油拌匀，装盘后撒上海米即可。

老醋拌苦苣 | 难度★

原料 苦苣 200 克，油炸花生米 50 克

调料 陈醋、蜂蜜、蒜蓉、白糖、盐、味精、香油各适量

步骤

1. 苦苣择洗干净，沥干水，撕成段。
2. 将蒜蓉、陈醋、蜂蜜、白糖、盐、味精、香油混合在一起，调成味汁。
3. 将苦苣段与油炸花生米放入容器中，倒入味汁，拌匀装盘即成。

凉拌空心菜 | 难度★

原料 空心菜 300 克

调料 大蒜 15 克，香油 10 克，白糖 5 克，盐 3 克，味精 1 克

步骤

1. 空心菜洗净，切成段。大蒜洗净，切成末。
2. 锅中加水烧开，放入空心菜焯水至熟，捞出沥干，装盘。
3. 碗中放入蒜末、白糖、盐、味精，加少许水调匀。浇入烧热的香油做成味汁。
4. 将味汁淋入空心菜段中，拌匀即可。

虾子酱油拌紫甘蓝 | 难度★

原料 紫甘蓝 500 克，青椒、红菜椒各 30 克

调料 葱丝、姜丝各 5 克，盐 2 小匙，虾子酱油、高汤各 2 大匙，姜末、香油、料酒各 1 大匙，鸡精 1 小匙

制作心得 虾子酱油既可以购买现成的，也可以用酱油、新鲜虾子、白糖、高粱酒和生姜等自己配制。

步骤

1
将虾子酱油、高汤、香油、姜末、料酒、鸡精、1 小匙盐调匀制成虾油。

2
紫甘蓝洗净，切成粗丝。

3
紫甘蓝丝用剩余盐腌 5 分钟，挤干水。

4
青椒、红菜椒均去蒂、去籽，洗净，切成同样的丝。

5
将姜丝、葱丝、青椒丝、红菜椒丝、紫甘蓝丝一同放在容器中，加入虾油拌匀，装盘即成。

红油双蓝 | 难度★

原料 紫甘蓝、绿甘蓝（即包心菜）各150克

调料 盐、味精、鸡精、红油、花椒油、老陈醋、香油各适量

步骤

1. 将紫甘蓝、绿甘蓝分别洗净，切丝。
2. 紫甘蓝丝和绿甘蓝丝放入沸水中焯熟，捞起过凉，控水备用。
3. 将紫甘蓝丝和绿甘蓝丝倒入盛器内，调入盐、味精、鸡精、红油、花椒油、老陈醋、香油，拌匀盛盘即成。

炝拌生菜 | 难度★

原料 生菜2棵

调料 蒜瓣1瓣，干红辣椒4个，植物油2大匙，酱油、白醋各1大匙，生抽、白糖各1小匙，盐、味精各适量

步骤

1. 将蒜瓣切碎，制成蒜蓉。干红辣椒切段，备用。
2. 蒜蓉放入碗中，加酱油、生抽、白醋、白糖、盐、味精调成味汁。
3. 炒锅加入植物油烧热，放入干红辣椒段炒制成辣椒油。将辣椒油倒入味汁碗中。
4. 生菜洗净，撕成小块，沥干水，放入盛器中，淋入味汁拌匀即可。

黄瓜拌油条 | 难度★

原料 黄瓜 200 克，油条 50 克

调料 青尖椒、红尖椒各 30 克，盐、味精、老醋、蒜末、香油、辣椒油各适量

步骤

1
黄瓜洗净，拍碎，切块。

2
油条直刀切成段，再分成小块。

3
青尖椒和红尖椒一起洗净，切圈备用。

4
将盐、味精、老醋、蒜末、香油、辣椒油调入碗内，搅拌均匀，即成味汁。

5
将调拌好的味汁再倒入盛有黄瓜块、青尖椒圈、红尖椒圈、油条块的容器内，拌匀后盛盘即成。

豉蓉苦瓜 | 难度★

原料 苦瓜 300 克，枸杞少许

调料 盐、味精、香油、白糖、花生油各适量，豆豉 50 克

步骤

1

豆豉剁细，制成豆豉蓉备用。

2

锅内放花生油烧热，放入豆豉蓉，小火炒至酥香，取出待用。

3

苦瓜洗净后从中间剖开，去掉瓜瓤。

4

将苦瓜横切成片，入沸水中焯烫约 1 分钟至断生。

5

捞出苦瓜片放入碗中，加入香油拌匀，凉凉。

6

苦瓜片中再加入豆豉蓉、盐、味精、白糖拌匀，装盘，用枸杞装饰即成。

鱼香苦瓜丝

| 难度★★

原料 苦瓜 250 克，青椒 2 个

调料 盐、味精、白糖、酱油、醋、香油、姜末、蒜末、葱花、辣椒末、花生油各适量

步骤

1
苦瓜洗净，顺长切成两半，挖去瓜瓤。

2
苦瓜洗净，切成丝。

3
苦瓜丝放入沸水锅内焯至断生。

4
捞出苦瓜丝过凉，沥干水分。

5
青椒去蒂、籽洗净，切成细丝，放入沸水锅中焯至断生。捞出青椒丝，沥干水，与苦瓜丝在盛器中拌匀装盘。

6
锅内加油烧热，放入姜末、葱花、蒜末、辣椒末炒香。

7
倒入碗内，加盐、味精、白糖、酱油、醋、香油拌匀，制成味汁。

8
将味汁淋在苦瓜丝、青椒丝上，拌匀即可。

拌萝卜皮 | 难度★

原料 心里美萝卜500克

调料 盐3克,醋5克,植物油、味精、熟白芝麻、干红辣椒各适量

步骤

1. 心里美萝卜洗净,取皮,放入热水中焯一下,备用。其他部分做其他菜使用。
2. 干红辣椒洗净,切段,放入油锅中炸香后捞起,备用。
3. 将盐、醋、味精、熟白芝麻、干红辣椒段混合均匀,调成料汁。
4. 将萝卜皮盛入盘中,浇上调好的料汁拌匀即可。

开胃萝卜 | 难度★

原料 心里美萝卜400克,花生米50克

调料 盐3克,醋10克,香油15克,色拉油适量,青尖椒50克

步骤

1. 心里美萝卜洗净,去皮,切大片。
2. 青尖椒洗净,切圈。青尖椒圈与萝卜片一同入开水中焯一下,捞出,沥干,装入碗中。
3. 花生米入油锅中炸熟待用。
4. 将香油、醋、盐、油炸花生米加入碗中拌匀即可。

风味萝卜 | 难度★★

原料　白萝卜 500 克

调料　大蒜 30 克，小米椒 20 克，生抽 12 克，陈醋 15 克，盐 16 克，白糖 10 克，鸡精 3 克，葱花 5 克，香油适量，红辣椒 1 个

步骤

1
白萝卜洗净，去皮，切块。红辣椒切粒。

2
萝卜块用盐腌渍 2 小时，再用水冲洗净。

3
大蒜拍碎，小米椒切碎，与生抽、陈醋、白糖、萝卜块、凉开水拌匀，装入容器中，泡1天。

4
取出后放入鸡精调味。

5
将香油烧热，浇在萝卜块上，撒葱花、红辣椒粒即可。

拌桔梗 | 难度★

原料　桔梗 250 克

调料　辣椒粉 5 克，白糖 3 克，盐适量，味精 1 克，
醋 8 克，熟白芝麻 6 克

步骤

1. 将桔梗去皮，撕成条。
2. 桔梗条拌入盐揉搓，用清水反复冲几遍，用盐腌入味。
3. 将腌好的桔梗沥去水，放入辣椒粉、白糖、醋、盐、味精、熟白芝麻拌匀，装入盘内即成。

辣拌土豆丝 | 难度★

原料　土豆 500 克，青椒、红菜椒各 50 克

调料　盐 5 克，味精 3 克，醋 10 克，辣椒油 30 克，
香油 20 克

步骤

1. 将土豆去皮洗净，切成细丝，用清水洗净。
2. 青椒、红菜椒去籽洗净，切成细丝。
3. 锅内加清水烧沸，下入土豆丝、青椒丝、红菜椒丝焯至断生，捞出，控水，一起装盘。
4. 将盐、味精、醋、辣椒油、香油调成味汁，浇在土豆丝上拌匀即成。

蓑衣黄瓜 | 难度★★

原料　黄瓜 2 根

调料　葱末、姜末、蒜末各适量，醋 4 大匙，酱油 1 大匙，白糖 2 大匙，盐 1 小匙，花椒 6 粒，色拉油 2 大匙，干红辣椒（切段）2 个

步骤

1

刀与黄瓜呈 30°角连续斜切片，注意不要切断，切至 2/3 处即可。

2

待一侧切好后，将另一侧按相同方法切好，即成蓑衣刀。

3

切好的黄瓜上撒 1 小匙盐腌制 20 分钟。

4

用手挤出黄瓜中的水。

5

在盛器中加入葱末、姜末、蒜末、白糖、醋、酱油充分调匀，即成料汁。

6

锅热后倒入色拉油，放入花椒和黄瓜，迅速翻炒至变色，放入干红辣椒段，烹入调制好的料汁即可铲出，凉凉后装盘即可。

蒜油藕片 | 难度★★

原料 藕 300 克，黄瓜 100 克

调料 醋、蒜末、生抽、盐、辣椒油、花椒油、白糖、色拉油各适量

步骤

1

藕削去皮，洗净，切片。

2

黄瓜洗净，切片。

3

锅中加水烧开，滴入少许醋。放入藕片焯熟。

4

将藕片捞入凉水中过凉，沥干水。

5

锅中放色拉油烧热，放入蒜末小火煸香成蒜油，关火备用。

6

将藕片和黄瓜片混合，放入醋、生抽、盐、蒜油、辣椒油、花椒油、白糖拌匀即可。

扒皮红椒 | 难度★

原料 红辣椒 150 克

调料 盐 3 克，红油 10 克，味精 1 克，白醋、蒜、葱、香菜各适量

步骤

1. 红辣椒洗净，切成长片。蒜、葱洗净，切成碎末。将盐、红油、味精、白醋调成味汁待用。
2. 锅内加水，烧沸，放入红辣椒片焯水，捞出后逐片剥去皮。
3. 辣椒片装入碗中，浇上调制好的味汁，撒上葱末、蒜末，用香菜装饰即可。

凉拌莴笋丝 | 难度★

原料 鲜莴笋 350 克，红菜椒丝少许

调料 香油、小葱末、白糖各 10 克，盐 5 克，辣椒油、醋、味精各 5 克

步骤

1. 莴笋削去皮，切丝。
2. 将莴笋丝加少许盐腌 5 ~ 10 分钟，滗去腌出的水。
3. 莴笋丝放入容器中，加入小葱末，调入剩余的盐、香油、醋、白糖、味精和辣椒油，装盘后用红菜椒丝装饰即可。

 制作心得 做凉拌莴笋时千万不要用开水烫。可以将莴笋切成丝后直接用水龙头冲洗几分钟，然后直接用盐腌渍即可。这样处理过的莴笋丝晶莹透亮而且硬挺有形，不会发软。

炝拌莴笋 | 难度★★

原料　莴笋1根

调料　干红辣椒2个，姜丝、花椒、盐、白糖、白醋、花生油各适量

步骤

1
莴笋去叶、皮，切成条。干红辣椒切成段。

2
莴笋条加盐拌匀，腌渍30分钟后挤干水，撒上少量姜丝。

3
锅内放花生油烧热，下入干红辣椒段炸焦，再下入花椒炸出香味。

4
把热的辣花椒油浇在莴笋条上的姜丝上。

5
锅中再下入白糖和白醋，将白糖熬化后也浇在放莴笋的碗中，腌渍3小时至入味，捞出装盘，用辣椒段稍做装饰即成。

香辣笋 | 难度★★

原料 竹笋（去皮）300 克

调料 香油、盐、味精、白糖、料酒、辣椒酱、辣椒丝、葱花、姜丝各适量

步骤

1

笋切成薄片，放入沸水锅中焯烫至断生，捞出，沥干。

2

炒锅内加香油烧热，放入辣椒丝、葱花、姜丝煸炒。

3

锅中加入辣椒酱、盐、料酒、白糖、味精和少许清水，烧开。

4

改微火烧至汁浓。

5

将调好的汁浇在笋片上拌匀即成。

葱拌三丝 | 难度★

原料 青椒、红菜椒、黄瓜各 100 克

调料 香油、酱油、盐、味精各适量，香菜、大葱各 50 克

步骤

1. 青椒、红菜椒、黄瓜、大葱分别洗净，切成丝。香菜洗净，切成寸段。
2. 香油、酱油、盐、味精放入碗中调匀，先加入尖椒丝、黄瓜丝腌 2 分钟，再加入葱丝、香菜段拌匀，盛出，装入盘中即可。

什锦小菜 | 难度★

原料 青椒、红菜椒共 150 克，虾皮、洋葱、水发木耳各 20 克

调料 酱油、味精、米醋、白糖、香油各适量

步骤

1. 将虾皮用清水浸泡 20 分钟，捞出，控水。
2. 洋葱、青椒、红菜椒、水发木耳均切成与虾皮大小相近的丁，备用。
3. 将酱油、味精、米醋、白糖、香油在盛器内搅匀。
4. 再将其倒入虾皮、洋葱丁、青椒丁、红菜椒丁、木耳丁中，拌匀装盘即成。

爽口花生仁 | 难度★

原料 花生仁 150 克，红菜椒 50 克

调料 盐、味精、香油各适量

步骤

1. 花生仁洗净，放入沸水锅中煮软，捞出放入凉水中浸凉。
2. 捞出花生，撕去表皮。
3. 红菜椒去蒂、籽，洗净后切成 1 厘米见方的小块，放入沸水中焯至断生，捞出待用。
4. 将花生仁和红菜椒丁放入碗内，加入盐、味精、香油拌匀，装盘即可。

菠菜老醋花生 | 难度★

原料 花生米 200 克，菠菜 50 克

调料 香油 8 克，老醋 50 克，植物油、盐、味精各适量

步骤

1. 菠菜洗净，用热水焯过，捞出，待用。
2. 花生米洗净，晾干水。
3. 将花生米放在油锅里炒熟，捞出装入碗中。
4. 加入菠菜、老醋、香油、盐、味精，拌匀装盘即可。

老醋萝卜丝核桃仁 | 难度★

原料 核桃仁 100 克，胡萝卜 150 克

调料 老醋 150 克，盐 2 克，味精、生抽、香菜、红辣椒各适量

步骤

1. 核桃仁洗净。胡萝卜去皮，洗净，切成丝。
2. 红辣椒洗净，切成条。香菜洗净，切成段。
3. 将胡萝卜丝放入碗中，再将核桃仁置于上面。
4. 淋上用盐、老醋、味精、生抽混合调成的汁，再撒上红辣椒条、香菜段，盛盘即可。

核桃仁拌菜心 | 难度★

原料 核桃仁 50 克，菜心 250 克

调料 香油、盐、味精各适量，红辣椒 1 个

步骤

1. 红辣椒洗净，切丁。核桃仁洗净。
2. 菜心洗净，切末。
3. 菜心末放入沸水中烫熟，捞起控干水，凉凉后装碗。
4. 核桃仁、菜心、红辣椒丁一起入碗，拌入香油、盐和味精即可。

酸辣瓜皮卷

难度★★

原料 西瓜皮 300 克，红菜椒、青椒各适量

调料 姜、辣椒油、盐、白糖、醋各适量

步骤

1
西瓜皮去净瓜瓤，削去外层硬皮。

2
将处理好的瓜皮片成薄片。红菜椒、青椒、姜均切成细丝。

3
将西瓜皮、两种菜椒丝、姜丝放入加了少许盐的凉水中浸渍10 分钟，取出。

4
瓜皮片挤去水，摊平，一端放上几根菜椒丝和姜丝。

5
将瓜皮卷成筒状，放在碗里。

6
瓜皮卷全部做好后撒上白糖，加入醋、辣椒油。

7
盖上盖，静置 1 小时后装盘即可。

香拌红椒瓜丝 | 难度★★

原料　西瓜皮 300 克，红菜椒丝 1 个

调料　盐、味精、白糖、醋、香油各适量

步骤

1
将西瓜皮削去外层硬皮和靠近瓜瓤微带红色的部分。

3
瓜皮丝放入碗中，加少许盐拌匀，腌至入味。

2
洗净西瓜皮，切成 3 厘米长的粗丝。

4
红菜椒去蒂、籽，洗净后切成粗丝，下沸水锅中烫至断生，捞出，沥干水。

5
将瓜皮丝、红菜椒丝放入容器中，加盐、味精、白糖、醋、香油拌匀，装盘即可。

尖椒拌口蘑 | 难度★

原料　口蘑 200 克

调料　香油 10 克，盐 5 克，味精 3 克，青尖椒、红尖椒 30 克

步骤

1. 口蘑洗净，切成片。
2. 两种尖椒分别去籽，洗净，切片。
3. 将口蘑和两种尖椒片放进沸水中焯熟，捞起，控干水，凉凉。
4. 将口蘑片和两种尖椒片、香油、盐、味精装入碗中，拌匀装盘即可。

黄花菜拌金针菇 | 难度★

原料　金针菇 150 克，黄花菜 100 克

调料　香油、盐、味精、白糖各适量，香菜 20 克，红辣椒 10 克

步骤

1. 将金针菇、黄花菜洗净，放入沸水中焯熟，捞出，沥干水。
2. 香菜洗净，切段。红辣椒洗净，切丝。
3. 金针菇、黄花菜放入碗内，加盐、白糖、味精、香油拌匀。
4. 在金针菇、黄花菜上放上香菜段、红辣椒丝后装盘即可。

巧拌金针菇 | 难度★

原料 金针菇 150 克，莴笋 50 克

调料 盐、香油各适量，青辣椒、红辣椒各 2 个

步骤

1
莴笋、青辣椒、红辣椒洗净，均切丝。

2
金针菇洗净，入沸水锅焯水，捞出。

3
莴笋丝、青辣椒丝、红辣椒丝放在沸水中焯一下，捞出。

4
将金针菇装盘，加入盐和香油。

5
将莴笋丝、青辣椒丝、红辣椒丝撒在金针菇旁边和上方装饰即可。

芥末金针菇 | 难度★

原料 金针菇、黄花菜各 100 克，黄瓜 50 克，青椒、红菜椒各 20 克

调料 盐、味精、芥末油、香油、生抽、香醋各适量

步骤

1
黄花菜洗净，切去根部。

2
金针菇、黄花菜放入沸水锅中焯烫，捞起过凉。

3
黄瓜、青椒、红菜椒均切成丝，备用。

4
将金针菇和黄花菜放入小碗中，再将生抽、香醋、芥末油放入小碗中搅匀。

5
调入盐、味精，下入黄瓜丝、青椒丝、红菜椒丝，调入香油，拌匀装盘即成。

制作心得 金针菇焯烫时间不要过长，以免口感变差。

剁椒蟹味菇 | 难度★

原料 蟹味菇 200 克

调料 剁椒、鸡精、香油、白醋、香菜各适量

步骤

1. 蟹味菇洗净，切成短条。
2. 锅置火上，加水烧开。将蟹味菇放入开水锅中焯一下，捞出凉凉，备用。
3. 蟹味菇装碗中，加入剁椒、鸡精、白醋、香油搅拌均匀，装盘，用香菜装饰即成。

制作心得 蟹味菇在开水中焯烫时间不宜太长，稍烫一下即可。

麻汁豇豆 | 难度★

原料 豇豆 200 克

调料 芝麻酱、蒜泥、酱油、盐、鸡精、香油、油泼辣子各适量

步骤

1. 豇豆洗净，控干水，切成 2～3 厘米长的小段。
2. 豇豆段放入沸水锅中，加盐焯烫至熟，捞出浸凉。
3. 芝麻酱加水（比例为 1：1）搅拌成糊状，加入蒜泥、酱油、鸡精、香油、油泼辣子、盐调匀制成料汁。
4. 调好的料汁倒入豇豆中，拌匀即可。

风味豇豆 | 难度★

原料　鲜豇豆 250 克

调料　味精 3 克，香油 6 克，泡辣椒 20 克，盐、菊花瓣各 5 克

步骤

1. 鲜豇豆洗净，择去头尾，切成小段。
2. 豇豆段入沸水锅中稍焯，捞出装盘。
3. 泡辣椒切碎。菊花瓣洗净，用沸水稍焯。
4. 将泡辣椒碎、菊花瓣倒入豇豆段中，再加入其他调料一起拌匀即可。

蒜泥豆角 | 难度★

原料　豆角 350 克，红菜椒丝少许

调料　蒜泥、香油、花椒油、麻酱汁、盐、味精各适量

步骤

1. 豆角择洗净，切段。
2. 将豆角段放入沸水锅中烫熟，捞出，过凉，沥净水。
3. 将豆角段放入碗内，加入盐、味精、蒜泥、花椒油、香油、麻酱汁拌匀，装盘时放入少许红菜椒丝装饰即成。

芥蓝拌黄豆 | 难度★

原料 黄豆 200 克，芥蓝 50 克

调料 盐 2 克，醋、味精各 1 克，香油 5 克，
干红辣椒 4 克

步骤

1. 芥蓝洗净去皮，切成段。黄豆洗净，备用。
2. 锅内加水，旺火烧开，放入芥蓝段焯水，捞起控干。
3. 将黄豆放入水中煮熟，捞出控干。
4. 黄豆、芥蓝段置碗中，放入盐、醋、味精、香油、干红辣椒段，即可。

泡椒拌蚕豆 | 难度★

原料 蚕豆 300 克

调料 泡红辣椒 20 克，盐、味精各 3 克，香油 10 克，香菜叶少许

步骤

1. 蚕豆去外壳，再剥去豆皮，洗净。
2. 泡红辣椒洗净，切小粒。
3. 将蚕豆放入蒸锅内隔水蒸熟，取出，凉凉。
4. 蒸好、凉凉的蚕豆加泡椒粒、盐、香油、味精，拌匀装盘，用少许香菜叶装饰即成。

辣拌黄豆芽 | 难度★

原料 黄豆芽 500 克

调料 盐 4 克，味精 2 克，辣椒粉、葱各 15 克，植物油少许

步骤

1. 黄豆芽择好，洗净。葱洗净，切成葱花。
2. 黄豆芽放在开水中烫一下，捞出。
3. 油锅烧热，放入辣椒粉、盐、味精炒匀，即成料汁。
4. 将料汁淋在黄豆芽上，再撒上葱花即可。

芝麻双丝海带 | 难度★

原料 海带丝 150 克，青椒、红菜椒各适量

调料 盐、酱油、醋、白糖、姜末、辣椒粉、香油、熟白芝麻各适量

步骤

1. 将青椒、红菜椒去蒂、去籽，洗净，均切成丝。海带丝洗净，备用。
2. 将青椒丝、红菜椒丝、海带丝放入开水中焯一下，捞出用凉开水过凉，沥干水。
3. 将海带丝、青椒丝、红菜椒丝一同放入容器中，加入盐、酱油、醋、白糖、姜末、辣椒粉、香油搅拌均匀，装盘，撒入熟白芝麻即可。

木耳拌西芹 | 难度★

原料　木耳 30 克，西芹 200 克，红菜椒丝少许

调料　蒜末少许，生抽、香醋各 $1\frac{1}{2}$ 大匙，香油、辣椒油各 1 小匙，蜂蜜 1/2 小匙

步骤

1
木耳用凉水泡发，漂洗干净，择去老根，待用。

2
西芹洗净，用刨刀轻轻刮去老筋，斜切成段。

3
锅中加水烧开，放入西芹段焯1 ~ 2分钟，捞出，立即浸入冰水中。

4
木耳放入焯西芹段的水中，焯约3分钟后捞出，浸入冰水中。

5
将西芹段和木耳捞出，沥干。木耳撕成小朵。西芹段和木耳都放入盛器中，加入蒜末。

6
盛器中放入生抽、香醋、香油、辣椒油、蜂蜜，调和成料汁，拌匀，淋入放原料的盛器中拌匀，用红菜椒丝装饰即可。

麻辣油豆角

| 难度★★

原料 油豆角 350 克，豆腐干 150 克

调料 辣椒油、香油、芝麻酱、盐、米醋、白糖、蒜泥、葱花、酱油、味精各适量

步骤

1
豆腐干切成 2 厘米长的粗丝。油豆角择洗干净，切成 2 厘米长的段。

2
油豆角段放入开水锅中烫熟，捞出沥干水。

3
趁热撒上少许盐，摊开凉凉。

4
凉凉的油豆角段放入盛器内，上面撒上豆腐干丝。

5
芝麻酱放入小碗中，加凉开水调开。

6
再加入酱油、盐、味精、米醋、白糖、葱花、蒜泥、辣椒油、香油拌匀，即成料汁。

7
将料汁浇在油豆角段和豆腐干丝上，拌匀装盘即成。

凉拌豆腐 | 难度★

原料　内酯豆腐（盒装）1盒，油炸花生米1大匙

调料　生抽2大匙，白糖、辣椒油、香油、醋各1小匙，香菜、葱、蒜瓣各适量

步骤

1
香菜择洗干净，切末。葱切末。
蒜瓣切末。

2
盒装内酯豆腐撕开包装盒，倒
扣入深盘中。

3
将油炸花生米去皮，压碎。

4
花生碎、香菜末、葱末、蒜末
一同放入碗中，加入生抽、白糖、
辣椒油、香油、醋拌匀即成
料汁。

5
将拌好的料汁浇在内酯豆腐上
即可。

油盐豆腐 | 难度★★

原料 嫩豆腐 500 克

调料 白糖 1/2 小匙，盐、鸡精各 1 小匙，熟白芝麻 2 小匙，植物油、花椒粒、香菜末、鲜红辣椒粒各适量

步骤

1
嫩豆腐切块后放入开水中焯烫，捞出，沥水，放盘中。

2
嫩豆腐块撒上盐腌 20 分钟，滤去渗出的水。

3
嫩豆腐块中再加入白糖、鸡精和熟白芝麻拌匀。

4
炒锅置火上烧热，加入植物油烧热，放入花椒粒炸香，至花椒粒变成黑色后将花椒粒铲去，制成花椒油。

5
趁热将花椒油浇在豆腐上拌匀，撒上香菜末和鲜红辣椒粒即可。

油卤豆腐

┃ 难度★★

原料　豆腐 500 克

调料　鲜汤 400 克，姜块 5 克，葱段 5 克，盐 3 克，香油 10 克，味精少许，植物油 700 克，香料包（用桂皮、花椒、八角、小茴香制成）1 个

步骤

1　豆腐放入凉水锅中，加少许盐，中火烧沸即捞出。

2　将豆腐沥去水，切成厚片。

3　炒锅置旺火上，倒入植物油烧至六七成热，放入豆腐片，炸至呈金黄色时捞起沥油。

4　锅底留下约 100 克热油，投入拍松散的姜块、葱段炸出香味。

5　加入鲜汤，放入香料包、豆腐片，加入剩余盐。

6　改慢火卤 30 分钟，加入味精。

7　食用时取出豆腐片，改刀后装盘，淋香油和少许卤豆腐的卤汁即可。

豆腐干
拌花生米 | 难度★

原料 豆腐干、花生米各 300 克

调料 香油、辣椒油各 20 克，盐 6 克，味精 3 克，植物油适量

步骤

1. 豆腐干洗净，切丝。
2. 豆腐干丝放进沸水中焯透，捞起，控干水，凉凉，备用。
3. 花生米用植物油炸熟，凉凉。
4. 把豆腐丝和油炸花生米、香油、辣椒油、盐、味精拌匀，装盘即可。

香辣豆腐丝 | 难度★

原料 豆腐皮 300 克

调料 红辣椒、香菜、辣椒油、盐、味精、香油各适量

步骤

1. 豆腐皮改刀成细丝，用温水浸泡。
2. 将浸泡好的豆腐皮丝入沸水锅汆一下，捞入凉开水内过凉。
3. 将豆腐皮丝捞出，沥水，放入盛器中待用。红辣椒去蒂、籽，洗净，切成丝。香菜洗净，切成段。
4. 将豆腐皮丝、红辣椒丝、香菜段一起放入大碗内，加入辣椒油、盐、味精、香油调味，拌匀装盘即成。

蒜泥三丝

| 难度★

原料 腐竹、红肠各 50 克

调料 盐、味精、白糖、醋、香油、
蒜泥、酱油各适量，香菜 50 克

步骤

1
腐竹用清水泡发，切段，再顺
长切成丝。

2
腐竹丝用沸水焯透，捞出，沥
干水。

3
腐竹丝装入碗内，撒上少许盐
拌匀。

4
香菜择洗干净，切成段，下入
沸水锅中焯至断生。

5
捞出香菜段，沥干水，加少许
香油拌匀。

6
红肠切成粗丝。

7
将上述处理好的原料一同放入
碗内，加入盐、味精、白糖、
蒜泥、醋、酱油、香油拌匀，
装盘即可。

马兰头拌香干

| 难度★

原料 香干 4 块，马兰头 300 克

调料 香油、盐各适量

步骤

1. 将马兰头洗净，入沸水中稍微烫一下，马上捞出，挤干水后备用。
2. 香干冲洗净，也放入沸水中，煮 1 分钟后捞出。
3. 将马兰头和香干分别切碎，混合在一起，加入香油和盐拌匀。
4. 将拌好的马兰头碎和香干碎放入碗中，压紧，然后倒扣在盘中即成。

葱丝拌熏干

| 难度★

原料 熏干 250 克

调料 干辣椒丝、花生油、酱油、盐、味精、醋、料酒各适量，葱丝 25 克

步骤

1. 熏干切成细条，放入沸水锅中焯烫片刻，捞出过凉，沥干水。
2. 锅内放花生油烧至七成热，下入干辣椒丝炒出香味。
3. 烹入料酒，加入酱油、盐、味精、醋调成味汁。
4. 将葱丝放入盘内，熏干条放在葱丝上，浇上调好的味汁即成。

麻辣凉粉 | 难度★

原料　凉粉 300 克，熟鸡肉 150 克

调料　盐、味精、酱油、蒜泥、葱花、辣椒油、花椒粉、香油、醋各适量

步骤

1. 凉粉洗净，切成片，放入盘中。
2. 熟鸡肉切粒，放在盘中凉粉上。
3. 将盐、味精、酱油、蒜泥、葱花、辣椒油、花椒粉、香油、醋调成料汁，淋在鸡肉粒和凉粉上即成。

家常拌粉丝 | 难度★

原料　粉丝 150 克，黄瓜 30 克，木耳、菜心各 20 克

调料　盐、味精、蒜泥、辣椒油各适量

小知识　选购粉丝时，要注意粉丝的颜色不要太亮，也不要太白。久煮不烂的不是好粉丝。

步骤

1. 粉丝用温水泡制 8 小时，捞起切成段。
2. 黄瓜、木耳、菜心均切成丝，备用。
3. 将粉丝段、黄瓜丝、木耳丝、菜心丝放入盛器中，调入盐、味精、蒜泥、辣椒油拌匀即成。

大拉皮 | 难度★

原料 东北拉皮 200 克，胡萝卜、黄瓜、木耳、心里美萝卜各 100 克

调料 盐、蒜泥、香醋、香油各适量，香菜末少许

步骤

1

将拉皮煮熟，用凉水过凉备用。

2

胡萝卜、黄瓜、心里美萝卜洗净，均切丝。

3

木耳洗净，焯熟后切丝。

4

把所有原料码入盘中。

5

将蒜泥、香醋、盐、香油、香菜末拌匀，制成调味碟，与放原料的菜盘一起上桌即可。

制作心得 可依个人口味加入辣椒等调味品。

老醋泡肉 | 难度★

原料 卤猪肉 300 克，青椒、红菜椒共 60 克，花生米 80 克

调料 盐、味精、香油各 4 克，陈醋 200 克，花生油适量

步骤

1. 卤猪肉切大片，摆入碗中。
2. 青椒、红菜椒均洗净，切圈。
3. 花生米洗净，控干水。将花生米与青椒圈、红菜椒圈一起放入油锅中炸熟，捞入装肉的碗中。
4. 加入陈醋、盐、味精、香油浸泡至入味即可。

红油猪肚丝 | 难度★

原料 熟猪肚 150 克，青椒、红菜椒共 10 克

调料 盐、味精、白糖、辣椒红油、花椒油各适量，大葱 5 克

步骤

1. 将熟猪肚、大葱、青椒、红菜椒均切成丝，备用。
2. 将第一步处理好的原料倒入容器内。
3. 加入盐、味精、白糖、辣椒红油和花椒油拌匀，装盘即成。

蒜泥白肉 | 难度★★

原料　猪五花肉 500 克，莴笋 200 克

调料　姜、花椒、盐、浓缩鸡汁、辣椒油、葱花、蒜泥汁各适量

步骤

1 五花肉洗净，入开水锅氽水，捞出。

2 莴笋去皮，切丝，焯水后捞出。

3 净锅后锅内再次加水烧开，放入少许葱花、姜、盐、花椒和肉，煮至肉熟透后捞出，凉凉，切片。

4 用五花肉片将莴笋丝包成卷，装盘。

5 将蒜泥汁、浓缩鸡汁、辣椒油、葱花放入碗中，调成料汁后浇在盘中即可。

菠萝拌鸭块 | 难度★

原料　鲜菠萝 200 克，熟鸭肉 250 克

调料　花生酱 3 大匙，白糖 4 大匙，盐 1 大匙，醋 1 小匙，罗勒少许

制作心得　菠萝片要用淡盐水浸泡后才能食用，浸泡时间为5分钟左右即可。

步骤

1
熟鸭肉剔除骨头，切成小方块，放入盘内。

2
盐放入适量水中制成淡盐水。菠萝削去外皮，洗净，放入淡盐水中泡 5 分钟，捞出沥水，切片。

3
将菠萝片放入放鸭块的盘内，撒上白糖拌匀，腌 10 分钟。

4
花生酱用少许凉开水调开，再加入醋调匀成料汁。

5
将料汁浇在鸭块、菠萝片上拌匀，用罗勒装饰即可。

温拌腰花 | 难度★★

原料　猪腰 400 克

调料　盐 4 克，味精 2 克，泡椒 30 克，姜、蒜瓣各 20 克，植物油适量

步骤

1. 猪腰治净，剞麦穗花刀，下沸水锅中氽水，制成腰花。捞出装盘，待用。
2. 泡椒洗净，剁碎。姜洗净，切末。蒜瓣去皮，切成蒜蓉。
3. 油锅烧热，放入泡椒、姜末、蒜蓉、盐、味精翻炒成料汁。
4. 将炒好的料汁倒在腰花上，拌匀即可。

椒油拌腰花 | 难度★★★

原料　猪腰 400 克，莴笋 50 克，水发木耳 25 克

调料　花椒油、酱油、盐、味精、料酒、鸡汤各适量

步骤

1. 将猪腰除去外皮，片成两半。片去猪腰上的腰臊，在片开的面上切麦穗花刀，再将猪腰切成块。
2. 将猪腰块放入沸水锅中氽熟，即成熟腰花。将熟腰花捞出沥干水。
3. 木耳切成两半，莴笋切成象眼片，放入沸水锅中焯水，捞出。
4. 将鸡汤、酱油、料酒、盐、味精、花椒油放入碗内，调匀成料汁。将熟腰花、木耳片、莴笋片放入碗内，倒入料汁拌匀即成。

风味麻辣牛肉

| 难度 ★

原料 熟牛肉 250 克

调料 香油、葱各 15 克，熟白芝麻、辣椒油各
10 克，鲜红辣椒、酱油各 30 克，味精 1
克，花椒粉 2 克，香菜段 20 克

步骤

1. 熟牛肉切片。葱洗净，切丝。红辣椒去蒂，切小粒。
2. 将味精、酱油、辣椒油、花椒粉、香油调匀成料汁。
3. 牛肉片摆盘，浇上料汁。
4. 再撒上熟白芝麻、鲜红辣椒粒、香菜段、葱丝即可。

芥末牛百叶

| 难度 ★

原料 牛百叶 200 克

调料 芥末糊、葱花、盐、味精、白糖、花生油、
鲜红辣椒丝各适量

步骤

1. 将牛百叶洗净，切成细丝，放入沸水锅内烫一下即捞出，沥干水。
2. 牛百叶丝放入碗内，加入盐、味精、白糖、芥末糊拌匀。
3. 锅内放花生油烧热，下入葱花爆出香味，淋在百叶上，装盘后点缀鲜红辣椒丝即可。

大蒜拌牛肚 | 难度★

原料　牛肚 500 克

调料　蒜蓉 50 克，干红辣椒段、葱花、红油、料酒、酱油各 10 克，盐 5 克，植物油适量

步骤

1. 牛肚洗净，切条。
2. 牛肚条放入沸水锅中氽烫熟，捞出沥水，凉凉。
3. 锅烧热倒入植物油，放干红辣椒段爆一下，然后倒入料酒，加酱油，依次放入红油、蒜蓉、盐。
4. 撒上葱花，翻炒均匀，盛出淋在牛肚条上即可。

麻辣黄喉 | 难度★

原料　牛黄喉 200 克

调料　盐、味精、辣椒油、白胡椒粉、麻椒油、白糖、绍酒、香菜叶各适量

步骤

1. 牛黄喉洗净，切成片。
2. 将牛黄喉片入沸水中氽过，捞出用清水冲凉，备用。
3. 盛器内放入盐、味精、辣椒油、白胡椒粉、麻椒油、白糖、绍酒，调匀。
4. 再倒入牛黄喉片，拌匀装盘，用香菜叶装饰即成。

蒜味牛蹄筋 | 难度★

原料 牛蹄筋 500 克

调料 熟白芝麻 8 克,盐 4 克,葱花 10 克,酱油、香油、蒜蓉各 15 克

步骤

1. 牛蹄筋洗净,入开水锅煮透至回软呈透明状,捞出切片。
2. 将牛蹄筋加入盐、酱油、香油搅拌均匀,装入盘中。
3. 将熟白芝麻、葱花、蒜蓉撒在牛蹄筋上即可。

彩椒羊肉 | 难度★

原料 熟羊肉 250 克,青椒、红菜椒、黄菜椒共 50 克

调料 盐、味精、香醋、胡椒粉、香油各适量,香菜 10 克

步骤

1. 将熟羊肉切薄片。青椒、红菜椒、黄菜椒洗净,去籽,切丝。香菜择洗干净,切段备用。
2. 熟羊肉片倒入盛器内,调入盐、味精、香醋、胡椒粉、香油,再加入青椒丝、红菜椒丝、黄菜椒丝、香菜段,拌匀即成。

山椒鸡胗拌毛豆 | 难度★★

原料 鸡胗、毛豆各 100 克，红菜椒 50 克

调料 盐、味精各 3 克，香油 10 克，泡山椒 50 克

步骤

1. 鸡胗洗净，切片。
2. 毛豆去皮，洗净。红菜椒洗净，切菱形片。
3. 上述处理好的原料均焯水，沥干，装盘。
4. 盘中加入泡山椒、盐、味精、香油拌匀即可。

香辣鸡片 | 难度★

原料 熟鸡肉 500 克

调料 香油、辣椒油、芝麻酱、酱油、白糖、醋、味精、熟白芝麻、花椒粉、葱末、香菜各适量

步骤

1. 将熟鸡肉用斜刀片成片，摆入盘内。
2. 香油、辣椒油、芝麻酱、酱油、白糖、醋、味精、花椒粉、葱末、香菜拌匀制成料汁，浇在鸡肉片上，再撒上熟白芝麻，拌匀即成。

怪味鸡丝 | 难度★★

原料 熟鸡肉 350 克，绿豆芽 150 克，红菜椒适量

调料 姜末、蒜末、花椒粉、白糖、醋、酱油、辣椒油、芝麻酱、味精、豌豆苗叶各适量

步骤

1 将熟鸡肉切成丝。绿豆芽洗净，掐去两头。

2 绿豆芽下入开水锅中焯水，捞出放入盘内垫底。

3 绿豆芽上面放上鸡肉丝。红菜椒切成花瓣形，摆在盘边。

4 花椒粉、白糖、醋、酱油、辣椒油、芝麻酱、味精盛入碗中，加入姜末、蒜末调匀成料汁。

5 调好的料汁淋在鸡肉丝上。点缀豌豆苗叶作为装饰品即可。

三油西芹鸡片 | 难度★★

原料 熟鸡脯肉 200 克，西芹 100 克，碎花生仁适量

调料 盐、酱油、味精、白糖、醋、葱花、辣椒油、花椒油、香油、香菜各适量

步骤

1
熟鸡脯肉片成厚约 0.2 厘米的大片。

2
西芹梗斜切成马耳朵形的片，放入碗内，加少许盐、味精拌匀，腌渍入味。

3
西芹下入沸水锅焯烫，捞出。

4
香菜洗净切成段。将盐、酱油、味精、白糖、醋、葱花、辣椒油、花椒油、香油拌匀制成麻辣味汁。

5
西芹片装盘内，盖上鸡肉片，淋上调好的味汁。

6
撒上碎花生仁、香菜段即成。

麻酱鸡丝海蜇

| 难度★★

原料 熟鸡脯肉 200 克，海蜇皮 75 克，黄瓜 50 克，红菜椒丝少许

调料 盐、味精、白糖、芝麻酱、香油、清汤各适量

步骤

1
熟鸡脯肉片成片，再切成丝。

2
黄瓜洗净，剖成两半，去除瓜瓤，切成丝。

3
黄瓜丝放入碗中，加少许盐拌匀。

4
海蜇皮放入凉水中浸泡 5 小时左右，洗净，切成细丝。

5
海蜇丝放入 80℃热水中浸泡片刻，待海蜇丝蜷缩时立即捞出。

6
海蜇丝再放入凉开水中浸泡，捞出沥干水。

7
芝麻酱、清汤、盐、味精、白糖、香油调成味汁。

8
海蜇丝、鸡肉丝、黄瓜丝一同装盘，淋上味汁，用红菜椒丝装饰即成。

鸡丝凉皮 | 难度★★

原料　熟鸡脯肉、凉皮各 200 克，黄瓜 100 克

调料　盐、味精各适量，香油、红油、熟白芝麻各少许

步骤

1. 凉皮放入沸水锅中焯熟，捞出控干，装盘，凉凉。
2. 黄瓜洗净，切成丝。
3. 鸡脯肉撕成细丝，与黄瓜丝、凉皮一起装盘。
4. 将香油、红油、熟白芝麻、盐、味精调匀，浇于凉皮上即可。

凉拌手撕鸡
| 难度★★★

原料　鸡肉 500 克，青椒适量

调料　葱末、香油各 30 克，姜末、生抽、料酒各 20 克，盐 3 克，味精 2 克，红尖椒适量

步骤

1. 鸡肉洗净，加入料酒，氽水，取出切块，用手撕成细丝。
2. 青椒、红尖椒分别洗净，切丝，焯水后捞出。
3. 将青椒丝、红尖椒丝、鸡肉丝一同装盘。
4. 将除料酒、红尖椒丝外的其他调料拌匀成调味汁，淋在鸡丝、辣椒丝上即可。

西芹拌鸭丝 | 难度★

原料 熟鸭肉 350 克，西芹 150 克，红菜椒丝少许

调料 盐、味精、香油、花椒油各适量

步骤

1. 西芹取梗择洗净，切成 4 厘米长的段，然后纵向切成 0.2 厘米宽的细段。
2. 西芹段放入沸水中焯至断生，捞出拌入少许香油待用。
3. 鸭肉切成 3 厘米长、0.3 厘米宽的丝，与西芹段拌匀后装盘。
4. 味精、盐、香油、花椒油、清水调匀，淋在装有鸭肉丝的盘内，用红菜椒丝装饰即成。

香辣鸭胗 | 难度★★

原料 鸭胗 300 克，红菜椒、黄瓜、花生米各 50 克

调料 香菜 40 克，香油 20 克，酱油、醋各 10 克，盐 3 克，植物油适量

步骤

1. 鸭胗治净后切成片。红菜椒洗净，切片待用。
2. 香菜洗净，切碎末。黄瓜洗净，切片。花生米入热油锅中炸熟，捞出控油。
3. 将鸭胗片、红菜椒片入沸水中汆透，捞出，沥干水。
4. 将鸭胗片、香菜末、黄瓜片、红菜椒片、花生米一同放入容器中，加入除植物油、香菜之外的其他调料拌匀即可。

葱姜鸭条 | 难度★★

原料 熟鸭腿肉 300 克，青椒粒、红菜椒粒各少许

调料 盐、味精、姜块、葱白、料酒、花生油各适量

步骤

1. 姜块、葱白先切成小丁，再捣成蓉后放入碗内。
2. 锅内加花生油烧至五成热，倒入放葱蓉、姜蓉的碗内，制成葱蓉姜蓉油。
3. 将葱蓉姜蓉油凉凉，加入盐、料酒、味精调匀，制成料汁。
4. 将鸭腿肉切成 1.5 厘米宽的条，放入盘内，淋上料汁。装盘后撒上青椒粒、红菜椒粒装饰即可。

菠萝鸭片 | 难度★★

原料 烤鸭肉 300 克，罐头菠萝 1/2 罐，青椒 50 克

调料 芝麻酱、白糖、醋、盐、味精、香油各适量

步骤

1. 青椒去籽及蒂，洗净，切片。将烤鸭肉、菠萝均切片。
2. 青椒片放入沸水锅内烫一下，捞出备用。
3. 白糖、醋、芝麻酱、盐、味精、香油加凉开水调匀，制成味汁。
4. 将烤鸭肉片、菠萝片、青椒片放入盘内，浇上味汁即可。

麻辣鸭块 | 难度★★

原料　净鸭 1/2 只

调料　花生油、酱油、醋、盐、白糖、花椒粉、料酒、味精、
姜、葱白、干红辣椒各适量

步骤

1

葱白洗净，一半切细末，一半
切成 3 厘米长的段。姜洗净，
一半切片，一半切末。干红辣
椒切丝。

2

鸭子洗净，剁成均匀的长方块。

3

鸭块放入碗内，加入姜片、葱
段、料酒拌匀。

4

鸭块连碗一起放入蒸锅内隔水
蒸熟，取出，凉凉，码入盘内。

5

锅内注入花生油烧热，下入干
红辣椒丝、葱末、姜末炒出
香味。

6

加入花椒粉、酱油、白糖、盐、
料酒、醋，烧开后加入味精，
盛出，浇在鸭块上即成。

香椿芽拌鸭肠 | 难度★★

原料　鸭肠 250 克，香椿芽 100 克

调料　盐、芝麻酱、酱油、白糖、醋、辣椒油、花椒油、香油、味精、蒜泥、葱丝、熟白芝麻各适量

步骤

1
鸭肠放入容器内，揉搓一会儿，用清水冲洗净。

2
将鸭肠放入沸水锅中快速氽至断生，捞出凉凉，切成 3 厘米长的段。

3
香椿芽洗净，放入沸水锅中略烫，捞出，控干，切段。

4
碗内放入盐、味精、芝麻酱、白糖、醋、酱油、辣椒油、花椒油、香油、蒜泥搅拌均匀，做成调味汁。再倒入鸭肠段、香椿芽段、葱丝拌匀。

5
装盘，撒上熟白芝麻即成。

花生拌鸭胗 | 难度★★

原料　鸭胗 300 克，花生米（去皮）100 克，青椒丝、红菜椒丝各少许

调料　盐、味精、料酒、花椒、八角、姜块、葱段、香油、
花椒油、鲜汤各适量

步骤

1
鸭胗去筋、皮后洗净，改花刀。
切的深度为鸭胗厚度的 2/3，
刀距为 0.5 厘米。

2
将鸭胗块切成鱼鳃形。

3
放入沸水中汆至断生，捞出。

4
将鸭胗放入碗中，加鲜汤、盐、
料酒、花椒、姜块、葱段，上
笼蒸至入味，取出凉凉。

5
去皮花生米用沸水浸泡，加盐、
花椒、八角浸泡至入味，捞出
凉凉。

6
将鸭胗、花生米放入碗中，加
少许盐、花椒油、香油、味精
拌匀，装盘，用青椒丝和红菜
椒丝装饰即成。

芥末鸭掌 | 难度★★

原料 鸭掌 250 克

调料 芥末粉、香油、醋、盐、鸡精、白芝麻各适量

步骤

1

将鸭掌洗净，放入沸水锅内氽熟。

2

捞出鸭掌，去掉大骨，放入盘中。

3

白芝麻入锅炒熟，待用。

4

将芥末粉加入适量开水调匀，加盖静置 15 分钟至有冲鼻的辣味出来。加入香油、醋、盐、鸡精等调料拌匀。

5

将芥末糊浇在鸭掌上，再撒上熟白芝麻即可。

香卤永康鹅肥肝 | 难度★★

原料　鹅肝 300 克，黄瓜 1 条

调料　卤汁 300 克，盐 5 克，味精 2 克，酱油、料酒各适量

步骤

1
鹅肝洗净血水，沥干水，入沸水锅中汆烫，捞出。

2
将鹅肝放凉，切片。黄瓜洗净，切片备用。

3
将卤汁放入锅中烧开，再将鹅肝片放入卤汁中。

4
锅中加其他调料，卤至鹅肝片熟透后取出。

5
鹅肝片与黄瓜片一起盛盘，淋上锅中的适量卤汁即可。

制作心得　鹅肝中的血水一定要冲洗干净，否则会影响成菜的口感。

拌三丝 | 难度★★

原料 鸡蛋皮、鲜芸豆、鲜粉皮各 200 克

配料 酱油、盐、料酒、姜末、清汤、香油各适量

1

鲜芸豆择洗干净，入沸水烫一下，捞出过凉，凉透后斜刀切成丝。

2

鲜粉皮切成 3.3 厘米长的丝，鸡蛋皮切成丝。粉皮丝、鸡蛋皮丝同芸豆丝一起盛在盘内。

3

将三丝略拌。把酱油、盐、料酒、姜末、清汤调匀，浇在盘内三丝上。将香油烧热，浇在菜上即可。

三丝蛋卷 | 难度★★

原料 鸡蛋 3 个，韭黄 150 克，熟肉丝、胡萝卜各 50 克

调料 盐、味精、香油、淀粉、植物油各适量

步骤

1
韭黄洗净，切段。

2
胡萝卜去皮，切丝，放入开水锅中焯熟，捞出，沥干水。

3
碗中打入鸡蛋，加入盐、淀粉搅拌均匀，即成蛋液。

4
蛋液倒入热油锅中，摊成蛋皮。

5
在熟肉丝、韭黄段和胡萝卜丝中加入盐、味精、香油，拌匀制成三丝馅料。

6
将做好的各种材料都凉凉。蛋皮在案板上摊开，放上三丝馅料，包起来卷成卷，切段，排放在盘中即可。

黄瓜拌松花蛋

| 难度★

原料 松花蛋1个，黄瓜200克，红菜椒适量

调料 盐、味精、酱油、醋各适量

步骤

1. 黄瓜洗净，用刀拍松，切成小块。
2. 松花蛋剥去壳，切成丁。红菜椒切成粒。将盐、味精、酱油、醋一起放入碗中，调匀，制成味汁。
3. 将黄瓜块、皮蛋丁、红菜椒粒装入盛器中，加入调好的味汁拌匀即可。

粉皮松花蛋 | 难度★

原料 松花蛋2个，粉皮250克

调料 盐、酱油、味精、醋、辣椒油、花椒粉、香油、香辣酱、葱花、香菜段各适量

步骤

1. 粉皮用温开水洗一下，切成1厘米宽的长条。
2. 松花蛋剥去外壳，洗净后剖成瓣。
3. 将盐、味精、酱油、醋、香辣酱、葱花、辣椒油、花椒粉、香油混合，调匀，制成麻辣味汁。
4. 将粉皮条、松花蛋瓣装盘，淋上麻辣味汁，撒上香菜段即成。

葱椒鱼片

| 难度★★

原料 鱼肉300克,红菜椒丝、蛋清各少许

调料 盐、味精、料酒、花椒、葱叶、白糖、醋、香油、干淀粉、冷鸡汁、花生油各适量

步骤

1 鱼肉洗净,顺鱼肉的纹路切斜刀片。

2 鱼片放入碗内,加少许盐、料酒拌匀,再加蛋清、干淀粉上浆,待用。

3 将花椒和葱叶一并剁成极细的末,放入碗中。

4 碗内淋入四成热的花生油,将混合的调料烫香。

5 碗内加入盐、味精、白糖、醋、香油和少许冷鸡汁调匀,制成葱椒汁。

6 锅内放入清水烧沸,将鱼片分批入锅余至断生。

7 捞出鱼片,沥干水,冷却后装盘,淋上葱椒汁,用红菜椒丝装饰即可。

凉拌鱼皮 | 难度★★

原料　青鱼皮 200 克，红菜椒丝少许

调料　葱花、香菜段、香油、盐、鸡精、料酒、
胡椒粉、花生油、熟白芝麻各适量

步骤

1. 青鱼皮洗净，沥干备用。
2. 锅中加水，放入少许料酒、花生油烧开，放入
   鱼皮汆 4 ~ 5 分钟，捞出，控干。
3. 将鱼皮切成粗丝，放入碗中。
4. 碗内加入盐、鸡精、葱花、香菜段、香油、胡
   椒粉拌匀，装盘，撒入熟白芝麻，用红菜椒丝
   装饰即可。

麻辣鳝丝 | 难度★★

原料　鳝鱼肉 200 克，芹菜梗 50 克，黄菜椒
丝少许

调料　盐、酱油、白糖、醋、味精、姜丝、辣椒油、
花椒粉、香油、葱丝各适量

步骤

1. 鳝鱼肉洗净，投入沸水中煮熟。
2. 捞出鳝鱼肉凉凉，切成丝。
3. 芹菜梗洗净，在菜墩上拍松。芹菜梗切成丝，
   放入沸水锅中焯至断生，捞出。
4. 将鳝鱼丝、芹菜丝放入碗中，加入姜丝、葱丝、
   盐、味精、酱油、白糖、醋、辣椒油、花椒粉、
   香油拌匀，装盘，用黄菜椒丝装饰即可。

五香熏鱼 | 难度★★★

原料 黄花鱼 2500 克

调料 白糖 400 克，酱油 100 克，料酒 1 大匙，味精 2 小匙，葱段 15 克，姜片 10 克，植物油 1000 克（实耗约 250 克），五香料包（内装适量的花椒、八角、桂皮、茴香、丁香）1 个，盐、香菜适量

步骤

1 黄花鱼洗净，沥干，在表皮上剞斜刀纹。

2 锅内放油烧至五六成热，放入黄花鱼炸熟，捞出，沥净油。

3 锅中加入清水烧沸，放入盐、白糖、酱油、料酒、葱段、姜片和五香料包，熬煮成卤水。

4 将黄花鱼放入卤水中浸泡 12 小时至入味，开火加热，烧制一段时间。

5 将黄花鱼取出，摆在蒸箅上，加热，熏 3 分钟。

6 食用时浇上部分卤水，用香菜装饰即可。

彩椒虾皮 | 难度★

原料　虾皮 50 克，青椒 20 克，红菜椒 20 克，黄菜椒 20 克

调料　味精、香醋、香油、白糖、辣椒油各适量，香葱 5 克

步骤

1. 青椒、红菜椒、黄菜椒、香葱洗净，分别切成丁，备用。
2. 将虾皮倒入容器内，调入味精、香醋、香油、白糖、辣椒油，拌匀。
3. 容器内再放入三种椒丁、香葱丁拌匀，装盘即成。

虾皮拌香菜 | 难度★

原料　绿豆粉皮 150 克，虾皮 50 克

调料　味精、盐、香油、醋、姜丝各适量，香菜、红尖椒各 50 克

步骤

1. 香菜择去老叶、根，洗净，切段。红尖椒切丝。
2. 粉皮用温水泡软，切条，用开水烫过。虾皮洗净。
3. 香菜段、虾皮、粉皮条、红尖椒丝放大碗中，加盐、醋、味精、香油、姜丝拌匀即成。

香椿拌大虾 | 难度★

原料 大虾 400 克，腌香椿 100 克

调料 酱油、醋、盐、味精、香油各适量

步骤

1. 将腌香椿洗净，入沸水中烫一下，捞出，用凉开水过凉，挤去水，切成末，取一半放入盘中。
2. 将醋、酱油、盐、味精、香油调匀，制成料汁。
3. 大虾洗净，放入锅中，加盐、水煮熟，捞出剥去头、壳，去掉虾线，放入盘中。再将另一半腌香椿末盖上，浇上调好的料汁即成。

海米荷兰豆 | 难度★

原料 海米 100 克，荷兰豆 75 克

调料 盐、味精、剁椒、香油、白糖各适量

步骤

1. 将海米泡开，洗净，控干水备用。
2. 荷兰豆择去筋，洗净，焯水至断生。
3. 将荷兰豆切成段，备用。
4. 将海米、荷兰豆段倒入盛器内，调入盐、味精、白糖、剁椒、香油，拌匀装盘即成。

海米拌脆片 | 难度★

原料　水发海米 50 克，黄瓜 200 克，莴笋 150 克，水发木耳 100 克，胡萝卜 20 克

调料　香油、盐、味精各适量

步骤

1. 黄瓜洗净，莴笋洗净削去皮，均切成象眼片。
2. 水发木耳洗净，去除根部，切成小片。胡萝卜切花片，备用。
3. 莴笋片和木耳片用开水焯一下，捞入凉开水中过凉，沥去水备用。将黄瓜片、莴笋片、木耳片放入碗内，加盐稍腌。
4. 再放入海米、胡萝卜片，加入味精，淋入香油拌匀，盛盘即可。

香菜拌海肠 | 难度★

原料　海肠 500 克

调料　盐、味精、生抽、白糖、蒜泥、白醋、香油各适量，香菜梗 30 克

步骤

1. 海肠治净，切段。香菜梗择洗干净，切段。
2. 炒锅上火，倒入水烧沸，下入海肠段、香菜段烫熟，捞出，过凉水，控净水，备用。
3. 将蒜泥、生抽、白醋、白糖、盐、味精、香油入盛器内调匀，倒入海肠段、香菜段拌匀，装盘即可。

西芹虾球 | 难度★★

原料 虾仁 150 克，西芹 100 克，胡萝卜片少许

调料 盐、花生油、料酒、胡椒粉、香油各适量

步骤

1

虾仁洗净，剔除虾线。

2

虾仁放入盛器中，加少许盐抓匀。

3

西芹洗净，切成 3 厘米长的菱形段。

4

锅中放入西芹段，加料酒焯水后捞出，沥干水。

5

锅内放入花生油烧至四成热，投入虾仁炒至翻花，捞出，沥油。

6

锅中放入西芹段，加盐、味精、胡椒粉、香油、虾仁、胡萝卜片拌匀，凉凉装盘即成。

黄瓜拌琵琶虾肉 | 难度★★

原料　干琵琶虾肉 100 克，黄瓜 200 克

调料　味精、香油、米醋、蒜泥、蚝油各适量

步骤

1
将干琵琶虾肉用清水泡发。

2
泡好的琵琶虾肉入锅，隔水蒸透，取出凉凉，改刀备用。

3
黄瓜洗净，用刀拍开，斜切成块，备用。

4
将琵琶虾肉放入盛器内，调入味精、蒜泥、蚝油、米醋、香油。

5
盛器内倒入黄瓜块拌匀，装盘即成。

毛蛤蜊拌菠菜 | 难度★★

原料　毛蛤蜊、菠菜、圣女果块各适量

调料　蒜泥、醋、生抽、蚝油、盐、鸡精、香油、白糖各适量

步骤

1
毛蛤蜊放入清水中使其吐净泥沙，洗净，沥干。

2
锅中加水烧开，放入毛蛤蜊，待其开口后马上捞出。

3
剥出毛蛤蜊肉，洗净，装入容器中。

4
菠菜择好，洗净，切段，放入开水锅中焯熟，捞出。

5
将菠菜段放在凉水中过凉，控干水，放入装毛蛤蜊肉的容器中。

6
所有调料调匀，浇在菠菜段和毛蛤蜊肉上，拌匀，装盘，用圣女果块装饰即可。

鲜蛏黄瓜萝卜泥 | 难度★★★

原料 蛏子500克，黄瓜、白萝卜各200克，圣女果50克

调料 盐、白糖、白醋、生抽、香油、熟白芝麻各1/2小匙，香菜叶少许

步骤

1 蛏子洗净，放入沸水锅中汆烫。

2 捞出蛏子，去壳取肉，备用。

3 黄瓜顺长切成两半，加盐腌5分钟。

4 腌好的黄瓜用水冲去盐，挤干水，切成粒。圣女果对半切成两块。

5 白萝卜用刀剁成泥。

6 将白萝卜泥挤去水，放入大盆中。

7 加入白醋、白糖、生抽拌匀。

8 再放入蛏子肉、黄瓜粒、圣女果块拌匀，撒上熟白芝麻，淋香油，装盘，用香菜叶装饰即可。

捞拌北极贝 | 难度★

原料 北极贝 200 克

调料 盐、味精、辣椒油、醋、葱末、姜末、清汤各适量

步骤

1. 将北极贝处理干净。
2. 北极贝片成片，装入容器内，备用。
3. 清汤内调入盐、味精、辣椒油、醋、葱末、姜末调匀，即成料汁。
4. 将料汁浇在北极贝上即成。

木耳拌海蜇头
| 难度★

原料 海蜇头 200 克，木耳 20 克，苦菊少许

调料 盐、味精、陈醋、白糖、香油、剁椒、胡椒粉各适量

步骤

1. 将海蜇头泡好，片成片。
2. 木耳泡发好，洗净，撕成小片。将海蜇头用开水汆烫，迅速过凉，挤去水，备用。
3. 将海蜇头和木耳片放入盛器中，调入香油、陈醋、盐、味精、白糖、剁椒、胡椒粉，拌匀，装盘，用苦菊装饰即成。

老醋蜇头 | 难度★

原料　海蜇头 300 克，红菜椒 1 个

调料　盐 3 克，味精 5 克，香油、陈醋、生抽各适量，香菜 30 克，大葱 50 克

步骤

1. 大葱、红菜椒切丝。香菜洗净，切段。
2. 海蜇头放入沸水锅中氽烫，捞出，放入清水中浸泡 1 小时，再捞出，沥干水。
3. 将盐、味精、香油、陈醋、生抽加入海蜇头中拌匀，再拌入红菜椒丝、葱丝、香菜段，装盘即可。

1

2

3

蜇皮瓜菜 | 难度★

原料　海蜇皮 130 克，黄瓜 200 克，胡萝卜 30 克

调料　盐 5 克，味精 3 克，生油、醋、香油各适量

 制作心得　将海蜇皮氽水时，一见海蜇皮收缩便马上捞出，氽水时间控制在30秒内。

步骤

1. 将黄瓜、胡萝卜分别洗净，切成丝，盛入容器中。
2. 将海蜇皮切丝，入沸水中氽水，捞出，盛在黄瓜丝、胡萝卜丝上面。
3. 所有调料一同放入碗中，调成味汁。
4. 将味汁淋在原料上面，调拌均匀，装盘即可。

1　2
3　4

青椒鱿鱼丝 | 难度★★

原料 鱿鱼身 250 克，青椒 100 克

调料 盐、味精、料酒、酱油、醋、香油、辣椒油、花椒油各适量

步骤

1
鱿鱼身横切成粗丝。青椒去蒂、籽，洗净后切成丝。将盐、味精、酱油、醋、辣椒油、花椒油放入小碗中调成味汁。

2
锅内加清水、料酒烧沸，放入鱿鱼丝氽至断生，捞出，沥干水。

3
放入青椒丝焯烫至断生，捞出，沥干水。

4
将鱿鱼丝、青椒丝一同放入盆内，趁热淋入香油拌匀。

5
待冷却后加入味汁拌匀，装盘即成。

萝卜拌墨鱼 | 难度★

原料 墨鱼仔 300 克，樱桃萝卜 100 克，黄瓜 50 克，鲜柠檬 1 个

调料 蒜末、姜末各 10 克，盐、白糖、醋、辣酱、酱油各 1/2 小匙

步骤

1 墨鱼仔洗净，切成小块。

2 墨鱼块下入开水锅中烫熟，取出。

3 樱桃萝卜切片。黄瓜切段，加盐腌一下。

4 柠檬洗净，切开，挤出柠檬汁。取一块柠檬皮，切成小块。

5 将柠檬皮小块、柠檬汁、辣酱、白糖、酱油、醋、蒜末、姜末调匀制成味汁。将墨鱼块、樱桃萝卜片、黄瓜段装盘，浇上味汁即可。

韭菜墨鱼仔 | 难度★

原料 墨鱼仔 300 克，韭菜 50 克

调料 盐、味精、料酒、清汤、酱油、醋、香油、姜末、泡椒丝各适量

步骤

1. 墨鱼仔去内脏，洗净。韭菜洗净，切段。
2. 锅内放清汤、料酒烧沸，放入韭菜段、墨鱼仔氽至断生，捞出，沥干水，放入盛器内。
3. 盛器中再加盐、味精、酱油、姜末、泡椒丝、香油、醋拌匀，装盘即成。

葱拌比管鱼 | 难度★

原料 比管鱼（也称墨斗鱼、笔管鱼）300 克

调料 盐、味精、香醋、酱油、香油、胡椒粉各适量，大葱 50 克

步骤

1. 比管鱼宰杀，洗净，切块。
2. 大葱择净，切段，备用。
3. 净锅上火，倒入大量的水烧开，下入比管鱼块氽熟，捞出，过凉水。
4. 将比管鱼块倒入盛器内，调入盐、味精、香醋、酱油、香油、胡椒粉拌匀。再加入大葱段，拌匀，装盘即成。

银芽海参 | 难度★★

原料 绿豆芽 200 克，水发海参 100 克，红菜椒丝少许

调料 盐、味精、料酒、姜块、葱段、辣椒油、生抽、醋、葱花、鲜汤、香油各适量

步骤

1
水发海参洗净，片成薄片，再切成丝。

2
锅内加入鲜汤，放入姜块、葱段、料酒烧开，放入海参丝氽2分钟后捞出，沥干水。

3
绿豆芽择去两头，洗净，放入沸水锅内焯至断生，即成银芽。

4
捞出银芽，控水，加少许盐拌匀，挤去多余水。

5
将海参丝、银芽放入盆内，加盐、味精、辣椒油、生抽、醋、葱花、香油拌匀，装盘时点缀少许红菜椒丝即可。

Part 4

卤酱腌泡菜

酱卤鹌鹑蛋 | 难度★

原料　鹌鹑蛋 250 克，干香菇 4 朵，熟青豆 20 克

调料　酱油 40 克，蚝油 20 克，白糖、姜末、蒜末各 10 克，葱白丝少许

步骤

1. 干香菇泡好后切碎。
2. 鹌鹑蛋煮熟，去壳。
3. 将酱油、蚝油、白糖、姜末、蒜末调拌均匀，制成料汁。
4. 锅烧热后放入料汁、水和香菇碎烧开。加入去壳鹌鹑蛋，继续烧至汤浓稠后加熟青豆，关火，泡一段时间，装盘时用葱白丝装饰即可。

肉末香糟鸡翅
| 难度★★

原料　鸡翅中 6 个，鸡肉末适量

调料　香糟小料 1/2 瓶，蚝油 1 小匙，酱油 1/2 小匙，冰糖 6 颗，葱末、姜末、八角、色拉油各适量

步骤

1. 鸡翅中放在凉水锅中，加入葱末、姜末、八角煮熟。
2. 煮熟的鸡翅内加入香糟小料腌制 2 小时。
3. 锅热后加色拉油，放入冰糖。冰糖化开后放入煮好的鸡翅中翻炒至糖色均匀。
4. 锅中加鸡肉末，翻炒均匀后加入蚝油、酱油调味即可。

糟鸡翅 | 难度★★

原料 鸡翅中 400 克，红菜椒丝少许

调料 香糟小料 500 克，白胡椒粉 5 克，料酒 2 小匙，八角 1 颗，葱段适量

步骤

1 锅中注入清水，放入葱段，加入鸡翅中，汆水。

2 汆水后的鸡翅中冲净后再放入热水锅中，加八角煮 15 分钟左右至成熟。

3 将煮好的鸡翅中捞出，加入料酒，拌匀。

4 加入白胡椒粉。

5 最后将香糟小料倒在调好味的鸡翅中上，将其浸泡 12 小时。装盘后用红菜椒丝装饰。

美容酱猪蹄 | 难度★★

原料　猪蹄 2 个

调料　八角 2 颗，姜片、柠檬片各 2 片，冰糖适量，桂皮 1 块，醋 5 小匙，酱油 1 小匙，盐、白芝麻、姜末、蒜末、干红辣椒、色拉油各适量

步骤

1　锅中加凉水。将猪蹄放入水中，加入 1 颗八角、1 片柠檬片汆水后去浮沫。

2　炒锅内加入色拉油及冰糖，烧至冰糖化开后放入猪蹄炒制上色。

3　放入 1 颗八角、桂皮、姜片、1 片柠檬片，加入开水后炖 2 小时至猪蹄酥烂。

4　另起炒锅，加热后放入色拉油、干红辣椒、白芝麻炸香，即成芝麻辣椒油。将姜末、蒜末盛入容器中，加入酱油、醋拌匀即成姜蒜汁。

5　炸好的芝麻辣椒油焌入调好的姜蒜汁内制成味碟，上桌蘸食即可。

制作心得　汆水和炖制猪蹄时加入柠檬能有效地去除猪蹄的腥味。

暴腌糖醋小鱼 | 难度★★

原料 鲜鲫鱼（小）500 克，蒜薹 4 根，油炸花生米 50 克，面粉适量

调料 葱米、姜米、蒜米各 10 克，蚝油、酱油各 30 克，白糖 2 小匙，陈醋 100 克，鲜小米辣椒（切圈）2 个，干淀粉 5 克，色拉油适量

步骤

1 小鲫鱼洗净，用盐腌 15 分钟后均匀裹上面粉，放入油锅中炸第一遍，至全部呈金黄色后捞出。

2 炸好的小鲫鱼置于可透气的器皿和厨房用纸上凉凉。将炸鱼的油过滤并将炒锅充分洗干净。

3 将滤清的油倒回锅中并加入新油，加热。放入炸鱼复炸至小鲫鱼完全酥脆。

4 将葱米、姜米、蒜米、白糖、陈醋、蚝油、酱油、干淀粉一起放入盛器中，加 1 小匙清水搅匀，即成料汁。

5 蒜薹切成小段。油锅热后煸炒蒜薹段，和炸鱼一起放入器皿中，放入小米辣椒圈、调好的料汁腌至入味后装盘即可。

酒醉茭白 | 难度★★

原料 茭白 2 根，熟青豆 20 克

调料 白糖 2 小匙，高度白酒 100 克，茶树油 50 克

步骤

1 茭白去皮后切成滚刀块，放入盘中，加入白糖拌匀。

2 将高度白酒与茭白块混合。

3 加入茶树油。

4 将加好调味料的茭白块装入耐高温玻璃盛器中，将盖子盖好后放入蒸锅内，蒸大约 10 分钟。

5 蒸好后的茭白块凉凉后再闷 2 小时，使其更加入味。装盘后用熟青豆装饰即可。

桂香鸭掌 | 难度★★

原料 鸭掌 500 克

调料 柠檬片 4 片，小茴香 5 克，八角 2 颗，陈皮少许，姜末、蒜末、干桂花各 10 克，老抽 5 克，冰糖 150 克，植物油、盐各适量

制作心得 出锅时也可以再加些桂花提味。

步骤

1
鸭掌放入凉水中，加入 2 片柠檬片煮沸，去浮沫后捞出控水。

2
将小茴香、八角、陈皮混合在一起，待用。

3
锅内放少许植物油、姜末、蒜末炒香后，放入混好的调料炒香。

4
炒香的调料内加入适量清水（要没过鸭掌）、2 片柠檬片、老抽、干桂花和冰糖。

5
水烧开后放入氽过水的鸭掌。

6
大火烧开后转成小火焖煮 40 分钟，再加盐调味，最后再煮 15 分钟，然后泡至入味即可。

口水带鱼 | 难度★★

原料 带鱼1条，面粉适量

调料 植物油、葱末、姜末、蒜末、香葱段、干红辣椒段各适量，盐、蚝油、白糖各1小匙，陈醋2小匙，酱油1/2小匙

准备 将白糖、陈醋、酱油、蚝油、2小匙清水混合，拌匀制成料汁。

步骤

1 带鱼洗净后切段。背部用斜刀划开，以便炸酥及入味。

2 将带鱼段用盐腌渍1小时。

3 腌好的带鱼用水稍冲一下后，蘸上面粉，入油锅炸至两面呈金黄色、酥脆后捞出。

4 锅留底油。油热后放入葱末、姜末、蒜末、干红辣椒段爆香，同时烹入调好的料汁，制成辣味汁。

5 将辣味汁浇在炸好的带鱼段上，腌至入味，装盘后撒上香葱段即可。

制作心得

◎ 制作口水带鱼要选择窄些的鲜带鱼。太厚、太宽的带鱼不太好入味。

◎ 糖醋比例为1:2。

泰汁牛肉 | 难度★★★

原料 牛肉 250 克，黄瓜丝、洋葱丝各少许

调料 泰汁酱 50 克，黄油 10 克，香菜少许

步骤

1
锅中加 10 克黄油，用小火慢慢将其烧至化开。

2
将整块牛肉放入锅中，慢慢煎至两面呈金黄色。同时将烤箱以 180℃预热。

3
煎好的牛肉放入烤箱内以 180℃烤 10 分钟取出。

4
将牛肉顶丝切成厚片。

5
将黄瓜丝和洋葱丝垫在盘底，摆好牛肉片，浇泰汁酱，点缀香菜即可。

北京泡菜 | 难度★★

原料 大白菜（取嫩心）1000 克，苹果、梨各 100 克

调料 盐、味精、辣椒末、葱花、蒜泥、香菜各适量

步骤

1 白菜心洗净，沥干水，切段。

2 苹果、梨均去皮、核，改刀切块。

3 将白菜段加适量盐稍腌，腌至白菜段变蔫后挤干水。

4 白菜段放入干净容器里，加入辣椒末、盐、味精、葱花、蒜泥、苹果块、梨块和适量凉开水。

5 将白菜段等用重物压实，盖上盖，放在阴凉处，腌渍 3 天。取出装盘时用香菜装饰即可。

辣白菜 | 难度★★

原料 白菜叶 300 克，白萝卜、胡萝卜各 150 克

调料 大葱、蒜末各 150 克，姜末 50 克，盐 2 大匙，辣椒粉 120 克，虾油 3 大匙，盐、白糖各适量

步骤

1 大葱切斜片。白萝卜和胡萝卜切粗丝。

2 辣椒粉加入虾油、蒜末、姜末拌成糊，再拌入两种萝卜丝抓匀。

3 向两种萝卜丝混合物中加盐、白糖调味，加入大葱片制成酱料。

4 在白菜叶上一片片地抹上酱料，再放入大的容器中。

5 如果酱料有剩余的话，就直接盖在白菜叶上。盖好盖子，在室温下腌 48 小时后即成。

制作心得 最好选择粗辣椒粉和细辣椒粉混合而成的辣椒粉。

酸甜黄瓜 | 难度★

原料 黄瓜 250 克，红菜椒丝少许

调料 白糖、醋、香油各适量

步骤

1. 黄瓜洗净，切成 3 厘米长的段，将中间的瓤整个挖出，备用。
2. 将挖去瓤后剩下的黄瓜皮卷成卷，放入盆内。
3. 黄瓜卷加入白糖、醋拌匀，腌渍 30 分钟后加入香油拌匀。
4. 将黄瓜瓤先装盘，再铺上腌好的黄瓜卷和红菜椒丝即可。

冰爽蜜汁苦瓜
| 难度★

原料 苦瓜 1 个，枸杞 50 克

调料 雪碧、矿泉水、橙汁、冰糖、蜂蜜各适量

步骤

1. 苦瓜洗净，去皮，顺长切片。
2. 碗内放入冰糖，加入雪碧、矿泉水。
3. 待碗中的冰糖化开后放入苦瓜片、枸杞，入冰箱冰镇。
4. 将冰好的苦瓜装盘，食用时加蜂蜜、橙汁即可。

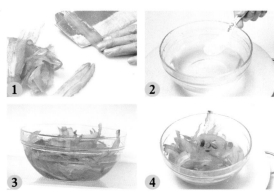

花雕醉毛豆 | 难度★

原料 毛豆 750 克

调料 花雕酒 1/2 瓶，冰糖 15 颗

步骤

1. 毛豆洗净，剪去两端。
2. 花雕酒与冰糖混合。
3. 毛豆入铁锅内小火干烤至表皮出现斑驳焦点。
4. 将花雕与冰糖混合的料汁烹入锅中，再加入水，大火烧至汤汁浓稠且毛豆呈现半透明状即可。

糖醋樱桃萝卜

| 难度★

原料 樱桃萝卜 600 克，苦菊少许

调料 盐 2/3 大匙，香油、白糖、白醋各 1 大匙

步骤

1. 樱桃萝卜去除叶子和根部，洗净。
2. 樱桃萝卜切蓑衣花刀，用盐腌 1 小时，冲洗净，沥干水。
3. 腌好的樱桃萝卜加白糖、白醋拌匀，腌 2 小时后淋香油。装盘后用苦菊装饰即可。

香油萝卜 | 难度★★

原料 白萝卜 3000 克

调料 白醋 1 瓶，味精、盐、白糖各 50 克，话梅汤 300 克，
香油适量，蒜瓣 20 克，红尖椒 25 克

步骤

1

白萝卜洗净，带皮切成条。

2

红尖椒洗净，切条。蒜瓣去皮，
洗净。

3

将白萝卜条先用白醋泡 1 小时
左右，捞出后留醋待用。

4

把切好的白萝卜条、红尖椒条
放入醋中，加入话梅汤浸泡。

5

加入盐、味精、白糖、蒜瓣，
腌 24 小时。食用时淋少许香油。

1

生花生米洗净，用清水浸泡约3小时，捞出。

2

大葱洗净，切段。大蒜去皮，拍碎。生菜叶洗净放入盘中铺底。

3

锅中倒入约250克清水，放入花生米，煮熟，关火后再闷20分钟，取出。

4

锅中倒入酱油、八角、冰糖、水、香叶和熟花生米，用大火煮开。再改用小火煮半小时左右，盛出，放在生菜叶上，淋上香油即可。

卤水花生 | 难度★★

原料 生花生米300克，生菜叶适量

配料 大蒜40克，香油、大葱、冰糖各10克，酱油20克，八角2克，香叶适量

制作心得 也可以用生抽、老抽、黄酒各1大匙，加入适量八角、桂皮、香叶、冰糖和水混合调制成卤水。用它煮花生，做出的成品味道同样鲜美。

腊八蒜 | 难度★

原料 大蒜头 1000 克

调料 醋 500 克，白糖 400 克

步骤

1. 选合适的容器，洗净，晾干。
2. 大蒜剥去皮，洗净，晾干。
3. 将蒜瓣放入容器中，加入醋、白糖拌匀，置于 10 ~ 15℃温度下泡 10 天以上即成。

蜜汁圣女果 | 难度★

原料 圣女果 500 克

调料 蜂蜜、白糖各适量

步骤

1. 圣女果洗净，稍烫，剥去皮。
2. 去皮圣女果放入开水锅中,焯水后捞出,沥干水。
3. 将蜂蜜加入圣女果中搅拌均匀，取出装入盛器中。
4. 撒上白糖即可。

香蕉桃片 | 难度★

原料 鲜桃 400 克，香蕉 300 克，葡萄 50 克，樱桃少许

调料 柠檬汁、白葡萄酒各 2 小匙，白糖 6 大匙

步骤

1

鲜桃洗净，去皮、核，切成薄片。

2

香蕉去皮，斜切成片。

3

葡萄洗净，剥去皮，去籽，待用。

4

将柠檬汁、白糖和白葡萄酒放在碗里调匀。

5

放入鲜桃片、香蕉片、樱桃和葡萄拌匀。

6

放入冰箱冷藏中静置 20 分钟，取出即可食用。

香卤素鸡串 | 难度★

原料 素鸡 300 克

调料 卤水、红油、芝麻各适量

步骤

1. 素鸡洗净，切片，用竹扦穿起，制成素鸡串。
2. 卤水烧开，放入素鸡串卤至入味，取出放入盘中。
3. 红油中撒上芝麻，作为蘸料与素鸡串一同上桌即可。

云片脆肉 | 难度★★

原料 猪耳朵 500 克

调料 盐 4 克，酱油 8 克，料酒 10 克，白糖 15 克，葱 5 克，植物油适量

步骤

1. 猪耳朵去毛，洗净。葱洗净，切成葱花，备用。
2. 猪耳朵放入开水锅中，加少许盐、料酒、酱油煮熟。
3. 猪耳朵捞出，切片，凉凉。
4. 油锅烧热，放入白糖、剩余的盐炒成汁，淋在猪耳朵上，泡至入味，撒上葱花即可。

1

猪耳朵治净，入锅中煮熟，捞出切片。

2

青椒洗净，去蒂、籽，切片。

3

炒锅加入油烧热，加入盐、生抽、醋、青椒片翻炒。

4

再放入泡红辣椒段略炒片刻，加入味精炒入味，淋在猪耳片上，凉凉，待泡至入味即可食用。

泡椒耳片 | 难度★★

原料 猪耳朵 400 克，青椒 15 克

调料 植物油适量，盐 3 克，味精 2 克，生抽 10 克，醋 8 克，泡红辣椒 30 克

酱猪耳 | 难度★★★

原料 猪耳朵 2000 克

调料 盐 50 克，饴糖 25 克，红曲粉、味精、葱段、生抽各 15 克，姜片、料酒各 10 克，香菜、香油各少许，香料包（内装十三香 1 袋、木香 10 克）1 个

步骤

1
猪耳朵用温水浸泡 30 分钟，刮净表皮，洗净。

2
锅内注入清水，放入猪耳朵，加热至水开，将猪耳朵烫透后捞出。

3
锅内加入适量清水，加入除香菜、香油外的其他调料，烧沸后煮 10 分钟，制成酱汤。

4
酱汤中放入猪耳朵，用小火将猪耳朵做熟，捞出沥干。

5
猪耳朵上刷一层香油，食用时切条，装盘后用香菜装饰即可。

水晶肘片

| 难度★★★

原料 猪肘1个（约1000克），猪肉皮150克

调料 蒜泥10克，酱油、米醋、香油、葱段、姜片、花椒、小茴香各少许

步骤

1 猪肘、猪肉皮均刮净表皮。

2 猪肘入沸水锅内汆水，捞出，备用。

3 猪皮入沸水锅内汆水，捞出，备用。汤汁留用。

4 将猪肘、猪肉皮都放入盆中，加入温水、花椒、小茴香、葱段、姜片和部分汤汁。

5 上笼蒸约3小时后取出，拣去葱段、姜片、花椒、小茴香、猪肉皮。

6 捞出猪肘放入大碗中。用笊篱将原汤中的杂物去除。

7 原汤浇入放猪肘的碗中，凉至凝成冻状。

8 食用时把猪肘切成片，浇上蒜泥、酱油、米醋、香油拌匀即成。

镇江肴肉 | 难度★★

原料 猪肘子 1000 克

调料 盐 120 克，绍酒 15 克，熟白芝麻少许，葱结、姜片、硝水、卤水、葱花、香菜各适量

步骤

1
猪肘子洗净，淋上硝水腌几天。

2
处理好的肘子入锅，加盐、葱结、姜片、绍酒和卤水，烧沸后焖煮一段时间。汤汁留用。

3
焖煮至肘子酥烂，取出。将其皮朝下放入盆内，倒入汤汁。

4
撇去表层的浮油，冷透后即成肴肉。

5
将肴肉切片，装盘，撒上熟白芝麻、葱花，用香菜装饰即可。

1 将猪肘子洗净入开水中煮 10 分钟后捞出。大葱洗净，切段。姜拍碎。

2 锅置火上，加入适量水，放入葱段、姜块、香叶、桂皮、八角、花椒、花雕酒。

3 放入猪肘子，大火烧开，再改小火煮 3 小时后捞出。

4 锅中放入植物油烧热，加入盐、酱油、鸡精、味精、白糖，放入猪肘子，待汤收干时即可出锅。装盘时摆入围成一圈的油菜中即可。

酱肘子 | 难度★★★

原料 猪肘子 1000 克，油菜适量

配料 盐 8 克，味精、鸡精各 3 克，大葱 2 根，姜 1 块，香叶、桂皮、八角、花椒各少许，白糖 10 克，酱油、花雕酒、植物油各适量

准备 将油菜焯熟，在盘中摆成一圈。

水晶皮冻

| 难度★★★

原料　猪肉皮 500 克，鸡蛋 2 个

调料　盐、味精、料酒、葱段、姜块各适量

步骤

1 将猪肉皮刮洗干净，放入沸水锅内汆透，捞出。

2 锅中另加清水，放入猪肉皮煮熟后捞出。

3 将猪肉皮剁碎，倒回煮肉皮的汤中。

4 加入盐、味精、料酒、葱段、姜块，烧沸后撇净污沫。

5 熬至汤汁浓稠，拣去葱段、姜块。

6 将鸡蛋磕入碗内，搅打成蛋液，淋入汤汁中搅匀。

7 将汤汁趁热倒入容器中，凉透后放入冰箱。

8 待汤汁凝成冻，取出切厚片，装盘即可。

白云猪手 | 难度★★★

原料 猪前蹄、猪后蹄各1只，青椒丝、红菜椒丝各少许

调料 盐45克，白醋1500克，白糖500克，五柳料（用瓜英、锦菜、红姜、酸姜、酸芥头制成）60克

步骤

1. 将猪蹄去净毛及污物，洗净，放入沸水锅中煮约30分钟。用清水泡1小时。将猪蹄切成大块（每块重约25克），洗净。
2. 净锅加水烧沸，放入猪蹄块煮20分钟，取出。
3. 将猪蹄块再用清水泡约1小时，然后换沸水煮20分钟，取出凉凉，和五柳料一起装入盛器中。
4. 将白醋煮沸，加入白糖、盐继续煮。凉凉后倒入放猪蹄块的盛器里，浸泡腌渍6小时后取出。装盘时撒上青椒丝和红菜椒丝装饰即可。

腰果蹄筋 | 难度★★

原料 猪蹄筋200克，腰果50克

调料 葱花15克，盐、味精各3克

步骤

1. 猪蹄筋洗净，切碎。
2. 猪蹄筋碎入开水锅中，加入盐、味精大火煮制。
3. 煮至黏稠后离火，倒入容器中，放入冰箱冷冻。
4. 将冷冻成形后的猪蹄筋冻切成块，摆入盘中，撒上腰果、葱花即可。

糖酱肚 | 难度★★★

原料 猪肚 1 个，猪五花肉 200 克，圣女果少许

调料 卤汁 300 克，盐、酱油、料酒、白糖、干淀粉、五香粉、姜末各适量

步骤

1
将猪五花肉切条，加盐、酱油、料酒、白糖、干淀粉、五香粉、姜末拌匀，腌渍待用。

2
猪肚洗净，将腌好的猪肉条装在猪肚里，用消毒后的针线缝住猪肚口。

3
用干净的棉线捆紧猪肚。

4
卤汁放入锅中烧开，再放入捆好的肉条猪肚煮熟，捞出。

5
待肉条猪肚凉凉后去掉绳子，抽去缝口线，切片，装盘时点缀少许圣女果在一旁即可。

制作心得 此菜用的猪肚应为整个猪肚。

酱猪肚 | 难度★★★

原料　猪肚 1 个（重约 750 克），面粉适量

调料　酱油 90 克，料酒 60 克，姜片 10 克，葱、蒜各 5 克，盐 6 克，香料包（用胡椒、花椒、桂皮、八角、砂仁、小茴香、丁香制成）1 个，醋、香菜各适量

步骤

1. 猪肚用盐、醋和面粉搓洗净，清洗 2 ~ 3 次。
2. 将猪肚放入沸水锅中氽烫至熟，捞出，过凉水。
3. 锅内加适量清水，加入除香菜外的、剩余的调料，烧开煮 20 分钟，即成酱汤。
4. 将猪肚放入酱汤中，中火烧开，撇净浮沫，煮熟烂后捞出，凉凉切块，装盘后用香菜装饰即可。

卤猪肝 | 难度★★

原料　猪肝 2000 克

调料　盐 100 克，料酒 4 小匙，味精 1 大匙，葱段 20 克，姜片 10 克，酱油 3 大匙，香料包（用花椒、八角、丁香、小茴香、桂皮、陈皮、草果制成）1 个，香菜少许

步骤

1. 猪肝切成两大块，用清水反复冲洗干净。锅内放入清水烧沸，加入葱段、姜片，再放入猪肝煮约 3 分钟，捞出。
2. 锅内放清水，加入盐、味精、料酒、酱油、香料包，旺火烧沸，煮 5 分钟后放入猪肝焖至断生，关火。
3. 将猪肝浸泡至入味，凉凉。食用时切片装盘，用香菜装饰即可。

酱牛肉 | 难度★★★

原料 牛腱肉 1000 克

调料 盐、姜、八角、花椒、桂皮、生抽、小茴香、甘草、大葱、白糖、香叶、陈皮、五香粉、香菜各适量

步骤

1
牛腱肉洗净，待用。

2
锅中入清水烧开，放入牛肉略煮一下，捞出，用凉水浸泡一会儿。

3
将花椒、八角、陈皮、小茴香、甘草、桂皮和香叶包入纱布包中，制成香料包。姜洗净，用刀拍散成块。

4
锅中倒入适量清水，大火加热，依次放入香料包、大葱、姜块、生抽、白糖、五香粉、盐。煮开后放入牛肉，继续用大火煮约15分钟，转至小火煮到肉熟。

5
用筷子扎一下牛肉，能轻松穿透即捞出。置于通风、阴凉处冷却。

6
将冷却好的牛肉倒入烧开的汤中，小火煮半小时，盛出，冷却后切薄片装盘，用香菜装饰即可。

五香熏兔

| 难度★★★

原料 白条兔1000克，樱桃少许

调料 香菜适量，盐50克，饴糖、白糖各3大匙，料酒2大匙，葱段20克，姜片15克，红曲粉1小匙，香油少许，香料包（用花椒、八角、肉桂、陈皮、白芷、砂仁、豆蔻、草果、丁香、山奈、良姜、小茴香制成）1个

步骤

1
将白条兔用清水浸泡8小时，中间换水2~3次。

2
锅中加入清水，放入白条兔，加热至烧沸，将兔子汆透后捞出。

3
汆好的兔子过凉水。

4
锅中加入清水，放入除白糖、香油、香菜外的其他调料烧沸，煮20分钟，制成酱汤。

5
将兔放入酱汤中，用小火做熟后取出，沥干。

6
酱好的兔子摆在箅子上，放入蒸锅中。

7
用白糖熏至上色，再刷一层香油，盛出，用香菜和樱桃装饰即可。

香糟鸡条 | 难度★★

原料 熟鸡脯肉 350 克

调料 盐、味精、料酒、白酒、醪糟、姜块、煮鸡的原汁、葱段、香菜各适量

步骤

1. 将煮鸡的原汁烧沸，放入大碗内，加盐、味精、白酒、醪糟、料酒、姜块、葱段调匀，制成香糟汁。
2. 熟鸡脯肉放入香糟汁内，腌渍约 4 小时至鸡肉完全入味。
3. 捞出鸡肉，切成 2 厘米宽的条。
4. 鸡肉条装盘，浇上香糟汁，用香菜装饰即成。

白斩鸡 | 难度★★★

原料 净鸡 1 只

调料 米酒、葱段、姜片、葱花、姜末、料酒、高汤、盐、味精、色拉油各适量

步骤

1. 净鸡洗净，表皮抹一层色拉油。将鸡放入蒸锅中，放入葱段、姜片，大火蒸 15 分钟，熄火后再闷 10 分钟。
2. 取出鸡肉，趁热淋上米酒，待鸡凉后切块，装入盘中。
3. 将葱花、姜末、料酒、高汤、盐、味精调匀，淋上热油，制成味汁。
4. 将调好的味汁浇在鸡块上即可。

鸡冻 | 难度★★

原料 净鸡1只（约750克），猪肉皮适量

调料 盐1大匙，味精1/2小匙，葱段15克，姜块（拍松）10克，花椒粒2克，八角3克，白糖2大匙，辣椒味碟1个

步骤

1
净鸡剁成块，下入开水中汆水，捞出。

2
猪肉皮刮洗干净，下入开水中汆水，捞出。

3
将猪肉皮刮净肥膘肉，切成小长条。

4
将葱段、姜块、花椒粒、八角装入纱布袋中，封好口制成香料包。

5
净鸡块、猪肉皮条放入锅中，加清水，放入香料包、白糖、盐、味精烧开。

6
撇去浮沫，小火熬2个小时左右。

7
倒入盆内凉凉，捞去猪肉皮条（做其他菜用），凉透制成冻，切块装盘，和味碟一起上桌即可。

熏鸡腿 | 难度★★★

原料 鸡腿 1000 克，樱桃少许

调料 红卤水 3000 克，香料包（用花椒、八角、桂皮、山柰、肉蔻、白芷、陈皮、丁香、草果、辛夷制成）1 个，葱段 20 克，姜片 15 克，白糖 6 大匙，盐、香油、香菜各适量

步骤

1 鸡腿用温水浸泡，捞出后刮洗干净。

2 鸡腿放入开水锅中烫透，捞出，沥干。

3 锅内倒入红卤水，加入葱段、姜片和香料包烧开，加盐调好味，放入鸡腿卤熟，取出沥干。

4 将卤熟的鸡腿摆在箅子上，放入蒸锅中。

5 用白糖熏至上色，取出刷一层香油，装盘用樱桃和香菜装饰即可。

白切鸡 | 难度★★★

原料　净肥嫩母鸡1只，红菜椒丝少许

调料　葱120克，姜40克，植物油120克，胡椒粉少许，盐15克，味精8克

步骤

1
母鸡宰杀后洗净，下沸水锅内浸烫15分钟左右。

2
捞出母鸡，剁成大块。

3
将鸡块放入盘中拼成原鸡的形状。葱、姜切成细丝，将姜丝撒在盘中鸡块上。将植物油烧热淋在姜丝上，再撒上葱丝。

4
锅中加入200克清水，用小火烧开，加入胡椒粉、盐、味精熬成料汁。

5
将熬好的料汁浇于鸡块上，用红菜椒丝装饰即成。

醉鸡 | 难度★★★

原料 嫩净母鸡 500 克

调料 盐 50 克，料酒 100 克，葱丝、姜末、桂皮、八角各 10 克，丁香 5 克，酒酿 200 克

步骤

1 将鸡开膛，去除内脏，洗净，入沸水锅中氽去血水后捞出，用清水洗净。

2 锅内放入水、鸡、葱丝、姜末、桂皮，旺火烧沸，撇净浮沫。

3 转小火焖至鸡六成熟，离火，捞出鸡，切成块，放入锅内。

4 另取锅，倒入煮鸡的汤，加入盐、料酒、丁香、八角烧沸，撇去浮沫，离火。待鸡汤冷却后放入酒酿搅匀，滤掉渣，倒入放鸡的锅内。

5 浸泡 12 小时后捞出鸡，装盘，浇上一些做鸡的汤即可。

制作心得 在处理鸡的时候，可在鸡爪关节周围用刀划断鸡皮，这样可以避免煮鸡时鸡皮爆裂。煮鸡时，先用大火煮沸，而后改小火煮。

酱鸡脖 | 难度★★★

原料 鸡脖 1000 克

调料 红色老卤 2000 克，葱段 25 克，姜片 15 克，香油、香菜各适量，香料包（用花椒、八角、桂皮、山奈、肉蔻、白芷、陈皮、丁香、草果、辛夷制成）1 个

步骤

1
鸡脖用温水浸泡，刮洗干净。

2
将鸡脖放入沸水锅中氽烫，捞出，沥干。

3
锅内放入适量清水，加入红色老卤、香料包、葱段、姜片烧开，放入氽好的鸡脖。

4
旺火烧沸，转小火酱至鸡脖酥烂。

5
取出酱好的鸡脖，凉凉后刷上香油，食用时剁成小块，装盘后用香菜装饰即可。

盐水鸡胗 | 难度★★★

原料 鸡胗 300 克

调料 花生油、盐、味精、料酒、花椒、葱段、鸡汤、香菜、姜块各适量

步骤

1 鸡胗洗净，放入沸水锅内略汆，取出用凉水冲净。

2 锅内放花生油烧热，下入葱段、姜块爆香，烹入料酒。

3 加鸡汤、盐、味精、花椒，烧开后转小火，煮制成卤水。

4 鸡胗下入卤水锅中，煮至断生后取出。

5 冷却后切片，装盘，再淋上卤水，用香菜装饰即成。

盐水鸭 | 难度★★★

原料　鸭子 1/2 只

调料　盐 100 克，花椒、姜块、八角、桂皮、料酒、葱结各少许

步骤

1

锅置火上，把盐、花椒放入锅里，用小火翻炒。鸭子治净待用。

2

待闻到花椒出香味，盐的颜色变成浅黄色时关火，趁热抹擦在鸭子身上。

3

取一容器或食品袋，把鸭子和多余的椒盐一并放入，放在冰箱冷藏室 24～48 小时。锅中加水（水以刚刚淹没鸭子为准）烧开，把鸭子冲洗后放入锅中，放葱结、姜块、八角、桂皮，开锅时倒入一些料酒。

4

大火烧沸 10 分钟，转小火再煮 30 分钟，待筷子能从肉厚处插透后关火。

5

鸭子捞出凉凉（或放入冰箱内冷却一下），切成长条块，装盘，再浇上一勺原汁鸭汤即可。

杭州酱鸭

| 难度★★★

原料　净鸭 600 克

调料　盐 10 克，味精 8 克，酱油 300 克，料酒 50 克，冰糖 100 克，葱段、姜块各 45 克，桂皮、八角、香油、黄酒、干辣椒、白糖、白胡椒粉各少许

步骤

1

鸭子去毛洗净，在肛门处开膛，挖出内脏。

2

将鸭子放入沸水锅中氽去血水，捞出，用清水洗净。

3

锅中加水，放入桂皮、八角、少许葱段、少许姜块、酱油、冰糖、盐、料酒，旺火烧沸，关火。放入鸭子酱 30 个小时后取出。

4

将酱好的鸭子放入容器中，用烧开的酱鸭子的汤烫至鸭皮收紧。

5

捞出鸭子，用竹筷将鸭腹撑起，挂在通风阴凉处放置一周以上。

6

将表面略干的酱鸭放入盆内，加黄酒、干辣椒、白糖、白胡椒粉、味精、剩余的葱、剩余的姜。

7

上笼用大火蒸 1 小时左右，取出放凉。

8

把酱鸭切成块状，装盘即可。

桂花鸭 | 难度★★★

原料 鲜鸭1只（约重1800克）

调料 桂花酱、盐、白糖、葱段、姜块各适量，绍酒50克

步骤

1
鲜鸭宰杀，去毛洗净。在鸭身上横拉一刀，掏出所有内脏，并清理干净。姜块、葱段拍松。用盐在鸭身和鸭膛内搓匀，加葱段、姜块、绍酒腌渍1天。

2
将鸭身上的葱段、姜块拣去（留用）。鸭放入沸水锅内汆水至鸭皮收紧。将鸭捞出，洗净。

3
锅中加清水，放入葱段、姜块、绍酒、白糖、桂花酱，烧开后放入鸭子。

4
小火煮1.5小时，将鸭子捞出控干。

5
将鸭脯拆下，用坡刀片成一字条。

6
鸭身剁成一字条，装盘，上面铺上鸭脯条即可。

五香酥鲫鱼
| 难度★★★

原料 鲫鱼 500 克

调料 盐、味精、白糖、姜末、蒜末、葱花、五香粉、姜块、葱段、料酒、清汤、花生油各适量

步骤

1. 鲫鱼去鳃、内脏，洗净。鲫鱼加盐、料酒、姜块、葱段拌匀，腌渍 20 分钟。
2. 炒锅内放花生油烧至七成热。将腌好的鲫鱼擦干，放入热油中煎至呈金黄色。
3. 炒锅内加入姜末、蒜末、清汤、盐、白糖、味精、五香粉、葱花。
4. 煨至鲫鱼熟透酥烂，离火，凉凉后取出，改刀装入盘中即可。

西湖醉鱼
| 难度★★★

原料 醉鱼干（用草鱼制成）500 克

调料 醋适量，香油少许

步骤

1. 将醉鱼干切成块，码入盘中。
2. 放入蒸笼内，上笼蒸8分钟将醉鱼干蒸熟。
3. 取出醉鱼干凉凉，淋上少许醋和香油即可。

步骤

1

草鱼宰杀，去鳞、鳍、鳃及内脏，洗净。草鱼切成块，用葱段、姜片、黄酒、盐腌30分钟至入味。

2

锅中下油烧热，将鱼块下入锅中炸至呈金黄色且外皮变得硬脆时捞出。

3

原锅内留少许油，放腌鱼的葱段、姜片、黄酒及桂皮、茴香、酱油、白糖及少量水，熬成浓稠、有黏性的五香卤汁。

4

把鱼块放入卤汁中，淋香油，撒五香粉，捞起装盘，放上葱花即可。

南京熏鱼 | 难度★★★

原料　草鱼1条

配料　盐、酱油各15克，桂皮12克，茴香、黄酒各10克，白糖8克，香油、五香粉各少许，植物油、葱段、姜片、葱花各适量

制作心得　鱼块不要切得太大，否则不容易入味。

豆豉鱼冻 | 难度★★★

原料 草鱼1条（约500克）

调料 酱油、盐、料酒各1大匙，味精1小匙，豆豉、葱、姜、蒜各25克，植物油30克，猪油35克，猪皮汤适量

步骤

1 草鱼开膛，洗净，用厨房用纸吸干水。草鱼横切成片。豆豉洗净。葱、姜切碎，大蒜用刀拍一下。

2 炒锅内放猪油，烧至七成热时放入鱼段，用小火煎透后取出。

3 洗净锅。炒锅内放植物油烧热，放入葱碎、姜碎、蒜瓣、豆豉煸出香味。

4 锅内加适量水、盐和料酒，放酱油、猪皮汤和鱼段。

5 煮至开锅后用小火炖30分钟，调入味精，盛出，凉凉成冻即可。

糟香带鱼 | 难度★★★

原料 新鲜带鱼（取鱼中段）1条

调料 花椒、姜丝、糟卤、干淀粉、植物油、料酒、欧芹叶各适量

步骤

1

将带鱼洗净，切成段，待用。

2

将花椒、姜丝、料酒倒入容器中，放入带鱼段腌渍 1 小时，待用。

3

将腌好的带鱼段取出，用厨房纸吸干水，表面蘸上薄薄一层干淀粉。

4

锅入油烧至温热，下入带鱼段煎至两面呈金黄色，出锅。

5

将煎好的带鱼段用厨房用纸吸掉多余油，放凉备用。

6

将放凉的带鱼段放入容器中，倒入糟卤浸泡 2 小时，装盘后用欧芹叶装饰即可。

酱螃蟹 | 难度★★★

原料 螃蟹 10 只（约 800 克）

调料 葱末、蒜末、姜末、白糖、胡椒粉、辣椒粉各 10 克，浓酱油适量，红尖椒、青尖椒各 1 个

步骤

1
螃蟹洗净，去除鳃和杂物。

2
将螃蟹剁成数块，再将蟹腿剁成段，壳用刀背敲碎。

3
处理好的螃蟹放到容器里，倒入浓酱油。

4
待浓酱油充分渗透到蟹肉里后，再将浓酱油倒出。

5
青尖椒、红尖椒切成小圆圈，去籽。

6
两种尖椒圈、胡椒粉、葱末、姜末、蒜末、辣椒粉都放入腌过螃蟹的酱油里，做成调料酱。

7
蟹块上均匀抹上调料酱，装进坛子里，酱制 7~14 天即可。

卤鲜鱿鱼 | 难度★★★

原料 鲜鱿鱼 1000 克

调料 盐、生抽、葱段各 10 克，红曲粉 50 克，白糖 5 克，酱油 4 大匙，生抽 12 克，蒜片、姜片各 8 片，蒜泥 1 小匙，植物油 4 小匙，香料包（用花椒、八角、桂皮、丁香、甘草制成）1 个

步骤

1 将鲜鱿鱼撕去外膜，洗净。

2 鱿鱼放入沸水锅中烫 2 分钟，捞出，沥干。

3 锅内加入植物油烧热，入葱段、姜片、蒜片爆香，加水。

4 放入香料包等剩余调料，烧开后煮 10 分钟，放入鱿鱼再煮 2～3 分钟即可。

5 食用时捞出鱿鱼，主体部分切成条，和鱿鱼爪一起码入盘中即可。

葱拌八带 | 难度★★

原料　八带 300 克

调料　葱片 15 克，姜片 5 克，姜丝 10 克，香醋、料酒各 1 小匙，香油、醋各 1/2 小匙，味极鲜 2 小匙

1

八带清洗干净。锅入水烧至八九成热，倒入料酒和葱片、姜片，放入八带，倒入 1/2 小匙醋，烧开。

2

氽至八带变色，捞出，投入凉开水中过凉。

3

将八带改刀，去口器。

4

加入味极鲜、剩余香醋、香油、姜丝。拌匀，装入容器即可。

Part 5

沙拉

番茄西蓝花沙拉 | 难度★

原料 西蓝花 1/2 棵，番茄 1 个，藕片适量

调料 奶香沙拉酱、橄榄油、盐各适量

步骤

1 西蓝花切成小朵。开水锅内加少许盐，将西蓝花小朵放入水中焯烫。

2 焯烫后的西蓝花小朵立即放入凉水中。

3 将藕片用清水冲过后，放入水中焯烫。

4 将烫过的藕片晾干后放入橄榄油锅中炸至呈金黄色。

5 番茄切块后加奶香沙拉酱调匀，与橄榄油、盐、西蓝花小朵放一起即可。

酸奶百果香 | 难度★

原料　苹果、草莓、杧果、菠萝、酸奶、柠檬、
蔓越莓干各适量

制作心得　一些水果切开后遇空气易变色。将这些水果泡入水中，再挤入几滴柠檬汁就不会变色了。

步骤

1. 苹果去皮后泡入水中，挤入几滴柠檬汁。
2. 将草莓、杧果、菠萝分别切成相同形状的块并混合。
3. 混合好的水果内加入酸奶及蔓越莓干即可。

椰奶蜜果 | 难度★

原料　椰浆 1 听，火龙果 1/2 个，鲜橙 1/2 个，
菠萝 1/4 个，西米 100 克

步骤

1. 椰浆平时保存要放进冰箱内冷藏。西米洗净，
待用。各种水果都切成块。
2. 西米放入椰浆内煮至呈半透明状，即成椰浆西米露。
3. 分别将水果切成大小均匀的滚刀块。椰浆西米露凉凉后加入水果块中即可。

青柠奶酪沙拉 | 难度★

原料 嫩苦菊 1 棵，圣女果（切块）5 个，紫叶生菜 1 棵，青柠檬 1 个

调料 鲜橙汁 50 克，鲜榨黄柠檬汁 25 克，白糖 2 小匙，橄榄油少许，黑胡椒碎 2 克，蒜香奶酪、薄荷嫩叶各适量，蜂蜜 20 克

步骤

1 苦菊洗净，取嫩心。

2 紫叶生菜、苦菊、圣女果、薄荷叶混装于盘。

3 青柠檬切薄片，放在盘子里。

4 将橙汁、柠檬汁、白糖、黑胡椒碎、蜂蜜混合调匀成料汁。

5 料汁里加入橄榄油。

6 将橄榄油料汁倒入盘中混合后加入蒜香奶酪即可。

鲜蚕豆奶酪沙拉 | 难度★

原料 鲜蚕豆瓣 100 克，土豆 2 个

调料 薄荷叶适量，蒜香奶酪 50 克

步骤

1
土豆洗净，削皮，在蒸锅中蒸熟。

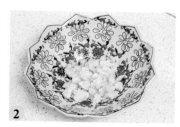

2
土豆凉凉后用手轻轻捏碎放入碗中。

3
将蒜香奶酪加入碗中，与土豆碎调拌均匀。

4
鲜蚕豆放入开水中煮至蚕豆瓣呈半透明色。

5
煮好的蚕豆放入冰水中凉透。

6
将蚕豆与奶酪土豆泥混合，装盘后用鲜薄荷叶点缀即可。

紫薯土豆泥沙拉 | 难度★

原料 紫薯 200 克，土豆 100 克，葡萄干适量

调料 黑胡椒碎 1 克，奶香沙拉酱 20 克，原味炼乳 10 克，熟白芝麻 50 克，迷迭香少许

准备 土豆、紫薯提前蒸好。准备两个保鲜袋和薄膜。

步骤

1
将蒸熟的土豆放在保鲜袋里压成泥。

2
蒸好的紫薯同样装进保鲜袋内压成泥。

3
将奶香沙拉酱、黑胡椒碎放入压好的土豆泥中搅拌均匀。

4
挤入原味炼乳，加入葡萄干。

5
将紫薯泥做成片，平铺在薄膜上，再将和好的土豆泥置于紫薯片中间，包好。

6
将薄膜四角拉起捏紧并旋转薄膜，使紫薯紧紧包住土豆泥，制成小包子状。

7
打开薄膜，即成紫薯土豆泥包。

8
蘸匀熟白芝麻后再摆好，用迷迭香装饰即可。

核桃仁蔬果沙拉 | 难度★

原料 苦菊心、核桃仁、蔓越莓、苹果、提子、杏干、腰果各适量

调料 奶香沙拉酱、柠檬水各适量

步骤

1
将提子切成厚片，并将提子籽剔除。

2
蔓越莓切成小块。

3
苹果去皮，切成厚片。

4
苹果片用柠檬水泡上。

5
将奶香沙拉酱调拌均匀。

6
将苹果片、苦菊心、蔓越莓块、提子片一同放入沙拉碗内。各种坚果掰成适当大小的块，拌入沙拉碗内即可。

翡翠沙拉 | 难度★

原料　熟土豆、熟胡萝卜、青椒、黄瓜、鲜金针菇各 50 克

调料　沙拉酱、盐、味精各适量

步骤

1
鲜金针菇洗净。青椒洗净，去籽，切丝。

2
黄瓜、熟土豆、熟胡萝卜分别切丝。

3
金针菇、青椒丝分别下入开水锅内焯烫至断生，捞出，沥干水。

4
冷却后放入黄瓜丝，调入盐、味精拌匀。

5
将上述原料装入盘中，放上沙拉酱，食用时拌匀即成。

鸡蛋土豆沙拉 | 难度★★

原料 鸡蛋2个，土豆50克，胡萝卜1根

调料 盐、沙拉酱、香菜各适量

步骤

1 鸡蛋放入滚水中煮熟，捞出，剥去壳。

2 熟鸡蛋对半切开，将蛋黄取出制成蛋黄泥。蛋白壳留用。

3 土豆和胡萝卜分别去皮，切丁。

4 土豆丁、胡萝卜丁放入锅中，加水煮熟，捞出放入碗中，压成泥状。

5 加盐、沙拉酱和蛋黄泥拌匀成土豆沙拉。

6 将制好的土豆沙拉填入蛋白壳的空心处，装盘后用香菜装饰即可。